KB248378

O시의 고대 인류 탐험

O 씨의 고대 인류 탐험

밤 0시, 난서는 미스터리한 문자를 받았어.

"당신을 유령클럽으로 초대합니다."

유령클럽은 유령들의 아지트 같은 공간이야.

죽은 이들이 모여 있지만 겁먹을 필요는 없어.

유령들은 생전 모습 그대로라, 전혀 무섭지 않거든.

난서는 마음속으로 질문을 던졌어.

"나는 어디에서 왔을까?"

"우리는 어떻게 지금의 모습이 된 걸까?"

어쩌면 이곳에서 그 궁금증을 풀

단서를 찾게 될지도 몰라.

두근두근 신비로운 모험의 시작!

과연 난서는 질문의 답을 찾아낼 수 있을까?

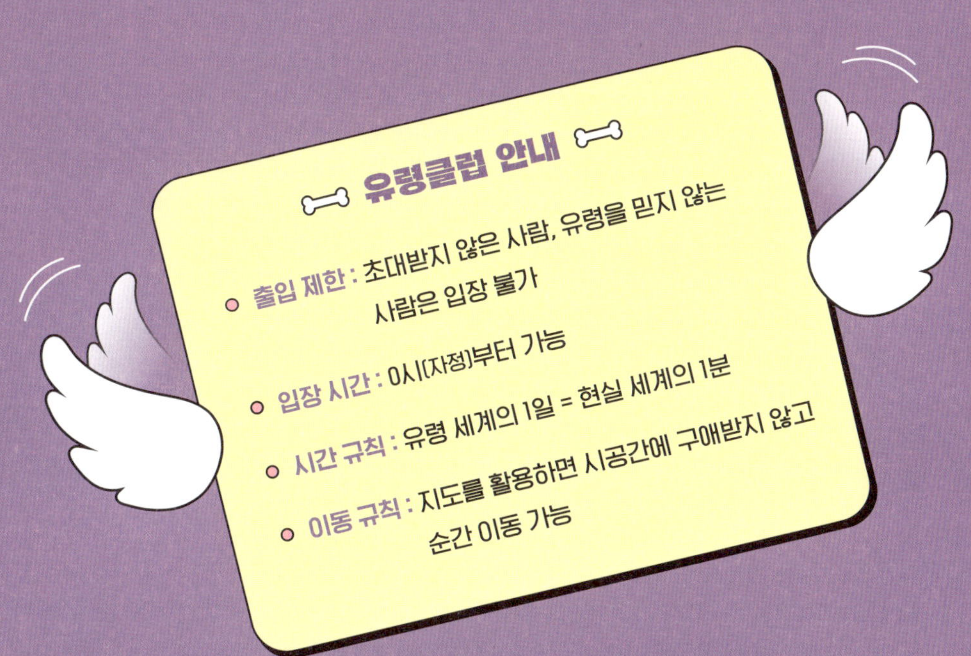
유령클럽 안내
출입 제한 : 초대받지 않은 사람, 유령을 믿지 않는
사람은 입장 불가
입장 시간 : 0시(자정)부터 가능
시간 규칙 : 유령 세계의 1일 = 현실 세계의 1분
이동 규칙 : 지도를 활용하면 시공간에 구애받지 않고
순간 이동 가능

인류 탐험대를 소개합니다

한난서

평범한 중학생이지만 마음만큼은 탐험가.

호기심이 많아 늘 머릿속에 물음표가 가득하다.

유령을 진심으로 믿은 덕분에

유령클럽에 초대받는 영광(?)을 얻었다.

윌마

쾌활하고 수다스러운 유령클럽의 안내자.

아프리카 가나 출신으로, 갓 유령이 되어

어르신 유령들을 모시고 있다.

난서를 깜짝 놀래키는 게 특기(?)지만, 정 많고 따뜻하다.

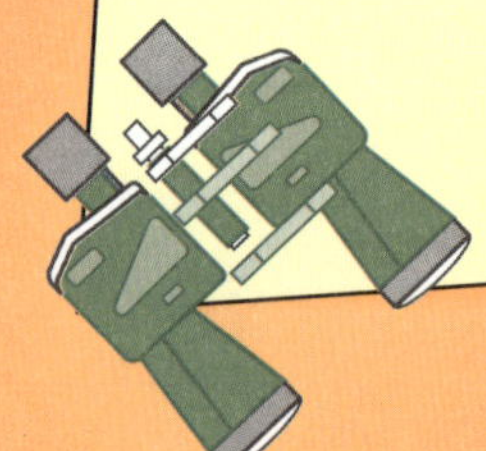

루이스 리키

어릴 때부터 돌멩이만 봐도 고대 인류를 상상한
유령 고인류학자. 아프리카 대륙을 누비며
인류의 기원을 추적한 것으로 유명하다.

메리 리키

루이스의 아내이자 함께 화석을 발굴한 유령 고인류학자.
말보다 손이 빠르고, 작은 흔적도 놓치지 않는
날카로운 관찰력의 소유자다.

리처드 리키

리키 부부의 아들이자 유령 고인류학자.
부모님과는 다른 길을 걸은 독립심 강한 행동파로,
장난기 많지만 필요할 땐 선생님처럼 진지해진다.

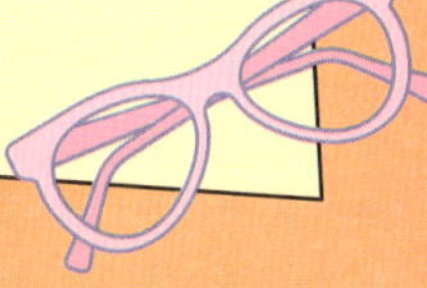

첫 할머니를 찾아서

난서는 저녁을 먹고 가벼운 마음으로 숙제를 시작했다. 주제는 '나의 가족'이었다. 가족 구성원을 소개하는 내용이라 크게 어렵지 않을 것 같았다.

난서는 엄마, 아빠, 남동생에 대해 썼고, 이어 할머니에 대해 쓰려던 순간 숨을 훅 들이켰다. 작년까지만 해도 함께 살았지만 지금은 세상을 떠난 할머니가 가족에 포함되는지 확신할 수 없었기 때문이다. 누구보다 자신을 이해하고 아껴 주던 할머니였기에, 가족이 아닐 수 있다는 생각만으로 마음 한구석이 저릿했다.

창밖은 난서의 마음처럼 새까맸다. 한동안 하늘을 물끄러미 바라보던 난서는 마음을 가다듬고 온라인 사전에서 '가족'의 뜻을 찾아보았다.

가족은 주로 혈연이나 혼인으로 맺어져 일상을 함께하는 사람들의 집단 또는 그 구성원을 말한다.

'그럼 혼자 사는 사람은 가족이 없는 걸까? 예전에 함께 살았던 사람은 더 이상 가족이 아닐까? 할머니는 할아버지와 결혼해 아빠를 낳으셨고, 엄마는 아빠와 결혼해 나를 낳으셨는데… 그렇다면 도대체 어디서부터 어디까지가 가족이지? 세상을 떠나 더 이상 일상을 함께할 수 없는 사람은 가족이 아닐까?'

난서의 머릿속에 물음표가 파도처럼 밀려왔다. 그때 '가족' 옆에 적힌 '친척'이라는 단어가 눈에 들어왔다. 사전에서는 '친척'을 '나와 혈연관계에 있는 사람'이라고 정의했다.

'그렇다면 할머니는 친척이라고 불러야 할까? 이 세상에 없는 사람도 친척일 수 있나?'

난서는 문득 떠오른 생각에 소리 내어 외쳤다.

"그래, '조상'이라는 말도 있지!"

하지만 할머니만큼은 친척이나 조상보다 가족이라 부르고 싶었다. 난서는 작게 할머니를 불러 보았다. 어디선가 할머니의 귀여운 웃음소리가 들리는 듯했다.

고개를 돌리니 책상 위에 놓인 가족사진이 눈에 들어왔다. 몇 년 전 바닷가에서 찍은 사진 속에는 할머니도 함께였다. 환하게 웃는 할머니를 바라보다가 난서도 덩달아 활짝 미소 지었다. 그러다 너무도 당연하지만 한 번도 깊이 생각해 보지 않았던 사실이 떠올랐다.

'할머니에게도 엄마가 있었겠지. 그 할머니에게도 할머니가 있었을 테고. 엄마 없이 태어날 순 없으니까. 할머니의 엄마는 어떤 분이었을까? 그 윗세대의 할머니는 또 어떤 삶을 살았을까? 한 사람씩 거슬러 올라가다 보면 과연 어디까지 닿을 수 있을까?'

난서는 추리소설을 읽을 때처럼 그 끝이 궁금해졌다.

'첫 할머니는 어떤 모습이었을까? 언젠가 나도 엄마가 되고, 할머니가 될 수 있을까? 그보다 나는 애초에 어떻게 태어났을까?'

난서는 시간 속을 헤엄치듯 할머니의 할머니들, 그리고 자신의 뿌리에 대해 생각했다.

그때 스마트폰 화면이 번쩍 밝아졌다. 어느새 자정, 0시였다. 화면을 밝힌 건 '유령클럽'에서 온 문자 알림이었다.

유령클럽에서 유령들의 잃어버린 뼈를 찾으러 전 세계를 여행한 뒤로 가끔 문자가 오곤 했다. 난서는 유령은 아니지만 유령을 진심으로 믿은 덕분에 초대받은 유령클럽의 특별 회원이었기 때문이다.

오늘 밤, 노란 유령 홀에서 '유령들의 은밀한 취미 생활'을 주제로 강연이 열립니다. 강연자는 《사람들을 깜짝 놀라게 하는 100가지 방법》의 저자이자 유령노벨상 수상 작가입니다. 많은 참석 바랍니다.

난서는 문자를 읽으며 피식 웃음이 나왔다. 그러다 표정이 진지해졌다.

'그래, 유령클럽이 있었지! 어쩌면 그곳에서 첫 할머니에 대한 단서를 찾을 수 있을 거야.'

난서는 문자 끝에 첨부된 초대 링크를 눌렀다. 특별 회원이었기에 0시에 맞춰 열리는 이 링크만 누르면 입장할 수 있었다. 눈을 감았다가 뜨자 익숙하면서도 여전히 기이한 공간이 펼쳐졌다. 바로 유령클럽이었다.

노란 유령 홀 입구는 강연을 들으러 모여든 유령들로 북적였다. 몇몇 유령이 난서를 알아보고 손을 흔들었다. 난서도 웃으며 인사를 건넸지만 눈은 윌마를 찾고 있었다. 윌마는 아프리카 출신의 젊은 유령이었다. 갓 유령이 된 후부터 어르신 유령들을 모시는 안내자로 일하고 있었다.

기다렸다는 듯 윌마가 불쑥 나타났다.

“난서! 정말 오랜만이야. 1년 만인가? 잘 지냈어? 오늘 강연 들으러 온 거야?”

월마는 특유의 유쾌한 웃음소리를 터트리며 질문을 쏟아냈다. 그러고는 난서가 대답할 틈도 없이 와락 끌어안았다. 난서는 작년보다 키가 조금 자랐지만 여전히 월마보다 훨씬 작아 겨우 가슴 높이쯤에 닿았다.

반가운 마음은 잠시 뒤로 미루고, 난서는 서둘러 월마를 조용한 구석으로 이끌었다. 그리고 ‘첫 할머니’에 대한 이야기를 꺼냈다. 잠시 생각에 잠긴 월마는 곧 깔깔 웃으며 난서의 어깨를 가볍게 툭 쳤다.

“재밌겠는데! 그러니까 최초의 유령을 만나고 싶다는 거지?”

“최초의 유령이 아니라 첫 할머니요!”

“그게 그거지. 어쨌든 네가 어디서 왔는지 궁금하다는 거잖아? 직접 확인해 보면 어때? 할머니의 할머니들을 하나씩 만나 보는 거지. 물론 할아버지의 할아버지들도 만나야겠지만 말이야.”

월마는 난서에게 유령들과 함께 ‘인류 탐험’을 떠나자고 제안했다.

“인류의 조상, 죽어서 유령이 된 이들을 직접 만나면 궁금증이 풀릴 거야.”

난서는 역시 유령클럽에 오길 잘했다고 생각했다. 그리고 내일 당장 인류 탐험을 떠나기로 결정했다.

월마가 신이 나서 외쳤다.

"내가 딱 맞는 유령들을 소개해 줄게. 그럼 내일 보자!"

1　🦴 019

운 좋은 어머니의 탄생

☞ 미토콘드리아 이브

인류학자 가족과의 만남 ✦ 우리 모두 엄마가 같다고? ✦ 이브가 있다면 아담도 있어 ✦ 최초 말고 '현재' 인류의 조상

2　🦴 033

침팬지와 인간의 갈림길

☞ 사헬란트로푸스 차덴시스

인류 탐험의 첫날 ✦ 첫 인류를 찾아 700만 년 전으로 ✦ 직립 보행의 증거가 여기 있어 ✦ 밀림이 사막이 된 사연

3　🦴 049

두 발로 걷기 시작하다

☞ 오스트랄로피테쿠스

한 사람 뼈가 이렇게나 많이? ✦ '루시' 이름이 탄생한 순간 ✦ 평화를 불러온 작은 송곳니

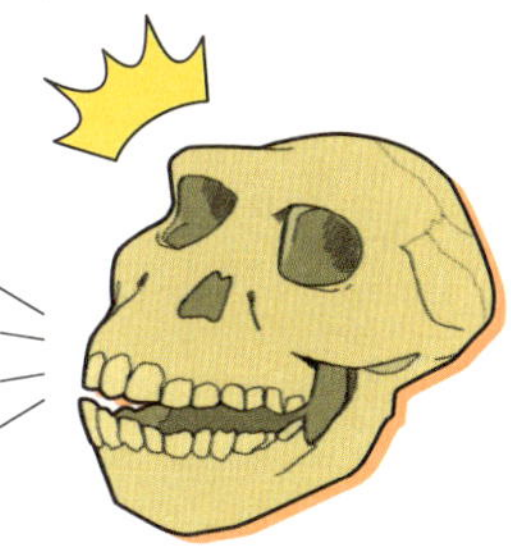

인류가 이렇게
진화했다고?

운 좋은 어머니의 탄생

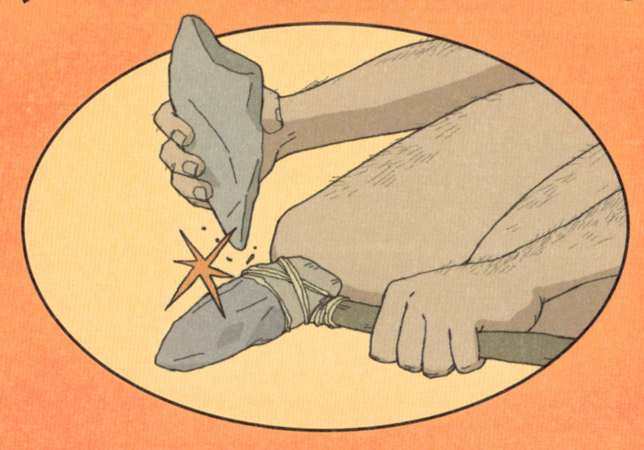

미토콘드리아 이브

미토콘드리아 이브

Mitochondrial Eve

언제? 약 14만~20만 년 전

어디서? 동아프리카

신체 지금 우리랑 비슷한
호모 사피엔스 여성의 모습

생활 사냥, 채집

의미 현재 인류의 공통 조상이자
'최초의 엄마'

인류학자 가족과의 만남

시간이 유난히 더디게 흘렀다. 난서는 첫 할머니를 만날 수 있다는 생각에 마음을 가라앉힐 수 없었다. 기다림 끝에 0시가 되자 알람 소리가 요란하게 울렸고, 깜짝 놀라 자리에서 벌떡 일어났다. 드디어 0시였다! 난서는 곧장 유령클럽으로 향했다.

월마가 여자 한 명과 남자 두 명, 그러니까 유령들과 차를 마시며 이야기를 나누는 모습이 보였다. 유령클럽의 유령들은 모두 생전의 모습을 하고 있어서 무섭기는커녕 친근하게 느껴졌다.

난서를 발견한 월마가 손을 흔들며 이리 오라고 손짓했다.

"어서 와, 난서! 이분들은 오늘부터 네 궁금증을 해결해 줄 리키 가족이야. 이 아이가 바로 난서예요."

"안녕하세요, 한난서라고 합니다. 잘 부탁드릴게요!"

난서는 고개를 꾸벅 숙이며 인사했다. 그러자 덩치가 크고 머리카락이 반쯤 벗겨진 남자가 손을 내밀었다.

"나는 루이스 리키라고 해. 이쪽은 내 아내 메리 리키, 그리고 둘째 아들 리처드 리키야. 편하게 이름으로 부르렴."

루이스의 소개가 끝나자 윌마가 덧붙였다.

"세 분 모두 고인류학자야. 고인류학자는 유물이나 유적을 통해 과거 사람들이 어떻게 살았는지 연구하는 일을 해. 리키 가족은 특히 유명하지. 고대 인류의 화석을 많이 발굴했거든."

난서는 스마트폰을 꺼내 '루이스 리키'를 검색했다.

루이스 리키

1903년에 태어난 영국의 고인류학자. 1959년에 약 176만 년 전 석기(돌 도구)를 사용한 것으로 추정되는 화석 인류의 두개골을 발견하고 '진잔트로푸스 보이세이'라는 이름을 붙였다. 1963년에는 호모 하빌리스의 화석을 발굴해 인류의 기원이 과거 학설보다 훨씬 오래되었음을 밝혀냈다.

우리 모두 엄마가 같다고?

소파에 앉아 있던 메리가 난서를 보며 물었다.

"첫 할머니를 만나고 싶다고 했지?"

난서는 세차게 고개를 끄덕였다. 메리는 그 모습이 귀엽다는 듯 미소 지으며 말했다.

"우리는 피부색도 다르고 생김새도 다르지만, 사실 모두 같은 조상의 후손이야. 지구에 사는 80억이 넘는 사람들이 전부 친척이라고 볼 수 있지. 인류학의 관점에서 보면 너와 나도 먼 친척이란다."

난서는 메리의 말을 어렴풋이 이해했지만 한 가지가 걸렸다. 현재 지구에서 살아가는 인류가 모두 친척이 되려면 조상이 같아야 할 텐데, 그게 어떻게 가능한지 의문이었다. 할머니의 할머니, 또 그 위의 할머니… 계속 거슬러 올라가면 언젠가 '첫 할머니'가 나올 것이다. 그런데 도대체 얼마나 먼 과거까지 가야 할까?

난서의 머릿속은 정리되지 않은 서랍처럼 뒤죽박죽이었다. 메리는 난서 얼굴에 가득한 물음표를 눈치채고 리처드에게 말했다.

"리처드 네가 설명해 주렴. 가장 최근에 유령이 됐으니 제일 잘 알잖니."

리처드는 어깨를 으쓱하고는 난서를 향해 몸을 돌렸다.

"아버지가 유령이 된 게 1972년이니까, 그 뒤로 너와 비슷한 의문을 품은 사람들이 많았어. 사실 1970~1980년대에 과학자들이 인류의 '첫 어머니'를 찾는 연구를 시작했거든. 그들은 우리 몸 세포 안에 있는 아주 작은 기관, '미토콘드리아'에 주목했지.

미토콘드리아는 몸에 에너지를 공급하는 역할을 하는데, 특이한 점이 있어. 바로 어머니를 통해서만 자식에게 유전된다는 거야. 아버지로부터는 물려받지 않아. 그래서 과학자들은 전 세계 사람들의 미토콘드리아 DNA를 비교하면 우리 모두가 공유하는 최초의 어머니를 찾을 수 있을 거라고 생각했어.

실제로 여러 지역의 147명을 대상으로 미토콘드리아 DNA를 분석한 결과, 오늘날 인류는 약 14만~20만 년 전 사하라 사막 남쪽, 동아프리카에 살았던 한 여성의 후손일 가능성이 크다는 결론이 나왔지."

리처드의 이야기는 무척 흥미로웠다. 윌마와 난서는 그에게서 눈을 떼지 못한 채 자기도 모르게 조금씩 앞쪽으로 몸을 기울였다. 루이스와 메리도 고개를 끄덕이며 이야기에 집중했다.

"유전자가 뭔지는 알지? 부모가 자식에게 물려주는 고유한 특성이야. 아이가 부모를 닮는 것도 유전자 때문이지. 이렇게 세대를 거슬러 유전자를 따라가면, 결국 그 유전자를 처음으로 전달한 사람에게 닿을 수 있어. 과학자들은 이 원리를 이용해 전 세계 여성들의 유전자를 조사했고, 마침내 약 14만~20만 년 전 동아프리카에 살았던 한 여성 조상에게 도달한 거야.”

리처드가 말을 끝내기 무섭게 난서가 흥분을 감추지 못하고 물었다.

“정말 첫 할머니가 있었단 말이에요? 그 할머니가 아프리카에 살았고요? 단순히 있을 거라는 믿음이 아니라, 과학적으로 존재가 증명된 거예요?”

리처드는 고개를 끄덕였다.

“맞아. 다만 과학자들은 ‘할머니’보다 ‘어머니’라는 표현을 쓰지. 이 여성 조상을 ‘미토콘드리아 이브’라고 하는데, ‘운 좋은 어머니(lucky mother)’라고도 불러.”

난서는 호기심이 일었다. 곧장 스마트폰에서 ‘미토콘드리아 이브’를 검색하자 관련 정보가 쏟아져 나왔다.

영국의 과학 작가 로저 르윈은 1987년 과학 잡지 〈사이언스〉 기사에서 ‘미토콘드리아 이브’라는 표현을 소개하며, 이 연구의 과학적 의미를 대중에게 널리 알리는 데 기여했다.

이브가 있다면 아담도 있어

'미토콘드리아 이브라면 혹시 성경에 나오는 그 이브를 말하는 걸까? 그렇다면 성경 속 이브의 짝인 아담도 과학적으로 찾아낼 수 있지 않을까?'

난서는 머릿속 생각을 모두에게 털어놓았다.

"성경에는 이브와 함께 아담이 나오잖아요? 여자가 남자 없이 아이를 낳을 순 없으니까, 첫 아버지도 있지 않을까요?"

리처드가 미소 지으며 답했다.

"똑똑한데? 맞아, 첫 여성 조상이 있는 것처럼 남성 조상도 있

성경 속 최초의 인간인 아담과 이브

었지. 그를 Y염색체 아담이라고 불러.”

“진짜 아담이네요! 한번 찾아봐야겠다.”

> **Y염색체 아담**
>
> 할아버지에서 아버지, 아버지에서 아들로 이어지는 Y염색체를 통해 남성 혈통을 추적할 수 있다. 이렇게 부계 유전자를 조사해 찾아낸 최초의 남성 조상을 ‘Y염색체 아담’이라고 부른다. 2013년 연구에 따르면 그는 약 18만 ~58만 년 전에 살았던 것으로 추정된다. 하지만 미토콘드리아 이브와 Y염색체 아담이 같은 장소, 같은 시대에 살았던 것은 아니다.

“어? 두 사람이 함께 살았던 건 아니네요?”

“그래, 그런 오해가 예전에도 많았어. 특히 일부 기독교인들은 ‘미토콘드리아 이브’라는 말을 듣고 크게 기뻐했지. 성경 속 아담과 이브가 실제로 존재했고, 인류가 그들의 후손이라는 과학적 증거가 나왔다고 착각한 거야.”

난서가 고개를 갸웃하며 물었다.

“그런데 실제로 이브와 아담을 찾아낸 거잖아요?”

난서의 표정은 여전히 미심쩍었다. 옆에 있던 윌마도 똑같은 표정을 짓고 있었다. 리처드는 두 사람을 보며 웃음을 터뜨렸다.

“하하, 노려보지 마. 왜 그런 오해가 생겼는지 알려 줄게.”

최초 말고 '현재' 인류의 조상

"사람들이 오해한 건 '미토콘드리아 이브'라는 이름 때문이야. 특히 '이브'라는 단어를 들으면 누구나 성경 속 태초의 여성을 떠올리게 되니까. 그래서 인류가 단 한 명의 여성에게서 시작했다고 착각한 거지."

난서는 여전히 머릿속에 물음표가 떠다녔다.

"그럼 실제로는 뭐가 다른 거예요?"

"좋은 질문이야."

리처드가 고개를 끄덕였다.

"미토콘드리아 이브는 인류의 첫 여성이 아니야. 그녀에게도 어머니가 있었고, 그 위에도 계속 조상들이 있었지. 다만 지금 살아 있는 인류 모두가 공통으로 이어지는 가장 가까운 조상이 바로 그 사람이란 뜻이야."

"그러니까 '최초의 여성'이 아니라 '현재 인류의 여성 조상'이라는 거네요?"

"정답이야. 과학자들이 그녀를 '운 좋은 어머니'라고 부르는 이유도 그 때문이지. 그 여성의 후손만이 오늘날까지 살아남았거든. 만약 그 후손이 모두 전쟁이나 질병, 재해로 사라졌다면 그녀의 미토콘드리아 DNA도 함께 끊어졌을 거야. 그러면 지금 우리가 말하는 조상은 다른 사람이 됐겠지.”

난서는 무릎을 탁 쳤다.

“아, 이제 알겠어요! 그 시절에도 많은 여성이 있었지만 모두 후손이 끊겼고, 오직 그 여성의 자손만이 지금까지 이어진 거네요. 정말 신기해요!”

리처드가 빙긋 웃었다. 그때 윌마가 허공을 보며 중얼거렸다.

“할아버지와 할머니가 자식을 다섯만 낳았어도 그 자손이 몇 세대를 거듭하면 엄청나게 불어나겠네. 14만~20만 년쯤 반복되면… 80억은 훨씬 넘겠는데?”

리처드는 엄지를 치켜세우며 고개를 끄덕였다. 난서는 스마트폰으로 그림을 하나를 찾아 모두에게 보여 주었다.

루이스와 메리는 그림을 살펴보다가 입을 모아 말했다.

“잘 표현했네.”

난서는 다시 물었다.

“그럼 앞으로도 어떤 이유로든 후손이 끊기면, 지금 우리가 말하는 여성 조상도 바뀌는 거예요?”

리처드가 기특하다는 듯 미소 지었다.

“그래, 정확히 이해했구나. 여성 조상이 한 번 정해졌다고 영원

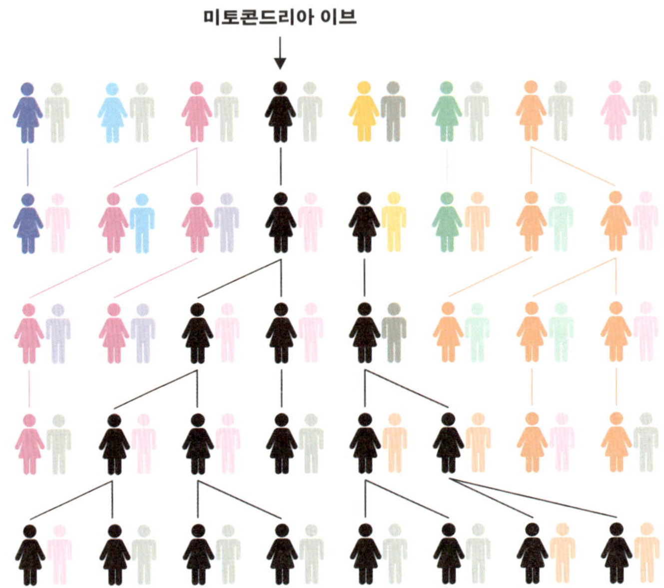

인류의 공통 조상인 미토콘드리아 이브와 그 자손이
어떻게 이어졌는지 보여 주는 그림

히 고정되는 건 아니야. 그 사람의 후손이 모두 사라지면 그 DNA
도 함께 사라져. 그러면 인류의 현재 조상은 자연스럽게 달라질
수밖에 없지."

난서는 잠시 생각에 잠겼다가 물었다.

"그렇다면 그 '운 좋은 어머니'의 어머니는 누구일까요? 그 위
의 조상들은요? 그들은 어디서 왔고, 어떤 과정을 거쳐서 지금의
제가 태어난 걸까요? 너무 궁금해요."

루이스는 난서를 조용히 바라보다가 낮은 목소리로 말했다.

"그걸 알기 위해선 아주 머나먼 과거로 여행을 떠나야 해. 괜찮겠니?"

리키 가족은 서로 의미심장한 눈빛을 주고받았고, 윌마는 난서의 어깨를 두드리며 미소 지었다. 마치 "잘 다녀와" 하고 응원하는 듯이.

침팬지와 인간의 갈림길

사헬란트로푸스 차덴시스

사헬란트로푸스 차덴시스

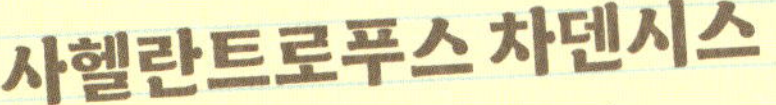

Sahelanthropus tchadensis

언제?	약 700만 년 전
어디서?	중앙아프리카 차드
신체	작은 뇌, 납작한 얼굴, 직립 보행 가능성
생활	밀림에서 초원으로 쫓겨남, 공통 조상을 가진 침팬지와 비슷
의미	지금까지 알려진 가장 오래된 인류 조상 중 하나

인류 탐험의 첫날

난서는 어젯밤 유령클럽에서 알게 된 놀라운 사실 때문에 제대로 잠을 이루지 못했다. 늦잠을 자는 바람에 학교에 지각할 뻔했지만, 오늘은 어젯밤보다 더 놀라운 일이 난서를 기다리고 있었다.

'첫 할머니(어머니)를 넘어 첫 인류를 만날 수 있다니!'

전날 밤, 난서는 리키 가족과 함께 '인류 탐험'을 떠나기로 약속했다. 첫 인류부터 오늘날의 호모 사피엔스까지, 인류가 어떻게 진화하고 변화해 왔는지 차근차근 살펴보기로 한 것이다. 오늘은 그 여정의 첫날, 인류가 어떻게 위대한 첫걸음을 내디뎠는지 알아보는 시간이었다.

스마트폰 화면의 숫자가 12:00으로 바뀌자, 난서는 곧장 유령 클럽에 접속했다. 루이스, 메리, 리처드까지, 리키 가족이 윌마와 함께 난서를 기다리고 있었다.

월마가 눈을 반짝이며 외쳤다.

"왔구나, 난서! 인류 탐험의 첫날이니 오늘은 우리 모두 함께 갈 거야. 물론 나도 빠질 수 없지!"

난서는 두 손을 모아 쥐며 말했다.

"정말요? 진짜 여행을 떠나는 기분이에요!"

그때 루이스가 의미심장하게 말했다.

"아주 길고 먼 여행이 될 거야. 무려 700만 년 전으로 거슬러 올라가야 하거든."

"네에? 700만 년이라고요?"

난서와 월마는 동시에 눈을 동그랗게 뜨고 루이스를 바라보았다. 난서는 손가락을 꼽아 보려 했지만 열 손가락으로는 700만이라는 어마어마한 수를 헤아릴 수 없었다.

"왜 하필 700만 년이에요? 특별한 이유가 있나요?"

루이스는 차분한 얼굴로 설명했다.

"약 1,500만 년 전쯤 오랑우탄, 고릴라, 침팬지 그리고 인류는 모두 조상이 같은 영장류였어. 그러다 시간이 흐르면서 이들이 하나둘 갈라져 나가기 시작했지. 마지막까지 함께 남아 있던 건 침팬지와 인류였는데, 이 둘이 마침내 갈라진 시점이 약 700만 년 전이야."

모두가 루이스의 말에 집중했다. 그는 허공에서 손짓을 하며 계속 설명했다.

"쉽게 말하면 영장류들이 대가족처럼 함께 살다가 차례로 독립해 집을 나간 거지. 그리고 마지막까지 같이 살던 침팬지와 인류가 서로 다른 길을 걷게 된 거야. 지금도 인류와 침팬지의 유전자는 96~98퍼센트 같아. 그래서 침팬지는 인류와 가장 가까운 동물이자 먼 친척이라고 할 수 있지."

난서는 얼른 스마트폰에 '침팬지'를 검색했다. 그러다 침팬지에서 보노보가 갈라져 나왔다는 사실을 알게 되었다. 보노보 역시 유전적으로 인류와 매우 가까운 동물이었다.

"아, 그래서 침팬지를 인간의 가장 가까운 친척이라고 하는 거구나!"

인류와 조상이 같은 침팬지(위)와 침팬지에서 갈라져 나온 보노보(아래)

난서는 이제야 그 뜻을 이해할 수 있었다.

첫 인류를 찾아
700만 년 전으로

난서는 문득 걱정스러운 마음이 들어 윌마에게 조심스레 물었다.

"정말 700만 년 전으로 갈 수 있는 거예요?"

"당연하지!"

윌마는 쾌활하게 대답했다.

"유령클럽에서는 언제든 어디든 순식간에 이동할 수 있다는 거 난서 너도 알잖아. 타임머신이라는 기계 알지? 아직 지구에선 발명되지 않았지만, 유령클럽 전체가 하나의 거대한 타임머신 같은 거야. 시간도 공간도 자유롭게 넘나들 수 있지. 그러니까 걱정 마! 스마트폰으로 가고 싶은 장소나 만나고 싶은 사람을 검색하면 바로 이동할 수 있어."

"그럼 인류의 첫 조상을 만나려면 뭘 검색해야 하죠?"

난서의 질문에 리처드가 천천히 발음했다.

"사헬란트로푸스 차덴시스."

"잠시만요, 뭐라고요?"

난서는 난생처음 듣는 낯선 이름에 당황했다. 옆에 있던 메리가 빙긋 웃으며 한 글자씩 또박또박 다시 불러 주었다. 난서는 몇 번이나 잘못 입력한 끝에 11글자를 입력하는 데 성공했다.

월마와 리키 가족이 난서의 팔을 붙잡고 눈을 감았다. 어지럼증이 밀려오더니 몸이 붕 떠오르는 듯한 느낌이 스쳤다. 곧 눈앞이 환해지며 모두가 동시에 눈을 떴다.

눈앞에는 사막이 펼쳐져 있었다. 키 작은 풀들이 드문드문 있을 뿐 시야를 가로막는 건 없었다. 바람이라도 불면 흙먼지가 날릴 듯 황량한 풍경이었다. 난서가 뒤를 돌아보니 낮은 바위 언덕이 있었고, 그곳에 동굴이 하나 보였다. 신기하게도 사막의 열기는 전혀 느껴지지 않았다.

"여기가 어디야?"

월마가 흥분한 목소리로 외쳤다. 난서는 스마트폰에서 지도를 열어 현재 위치를 확인했다. 그들이 도착한 곳은 아프리카 차드 북부에 있는 주라브 사막이었다.

직립 보행의 증거가 여기 있어

"여기가 내 고향, 아프리카라고?"

윌마가 주위를 둘러보며 놀라워했다.

"맞아요. 고대 화석 인류부터 지금의 호모 사피엔스까지, 모두의 고향은 아프리카죠."

리처드는 모래를 한 줌 쥐었다가 털어 내며 설명을 이어 갔다.

"2001년에 이 사막의 동굴에서 사헬란트로푸스 차덴시스의 화석이 발견됐어요. 이 화석은 '투마이'라고 불리는데, 이 지역 말로

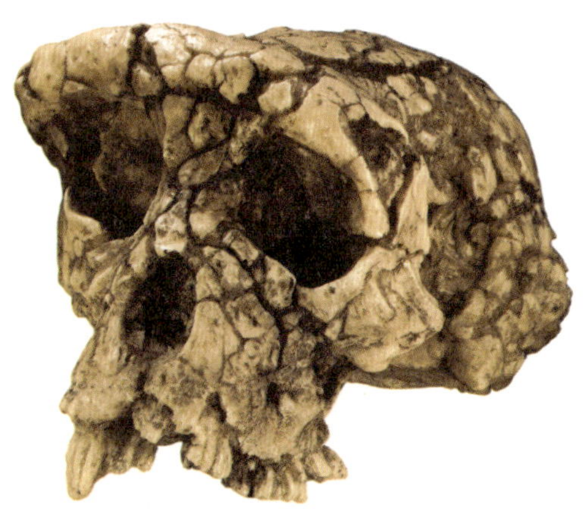

투마이라고 불리는 사헬란트로푸스 차덴시스의 두개골

사헬란트로푸스 차덴시스

'삶의 희망'을 뜻하죠. 투마이가 중요한 이유는 인류가 똑바로 서서 두 발로 걷기 시작했다는 증거이기 때문이에요."

"두 발로 걷는 게 그렇게 중요해요? 새들도 두 발로 걷잖아요."

"난서, 그건 좀 달라."

리처드가 미소 지으며 고개를 저었다.

"새도 두 발로 걷긴 하지만, 사람처럼 등을 곧게 세우고 걷는 건 아니야. 과학적으로 구분돼. 새의 걸음은 '이족 보행', 사람의 걸음은 직립 보행이라고 하지. 대부분의 동물은 네 발로 걸어 다니고, 그건 '사족 보행'이라고 해. 그런데 직립 보행을 하는 동물은 아주 드물어. 사람 말고는 펭귄, 그리고 멸종한 공룡 일부 정도뿐이야.

직립 보행은 인류를 다른 동물과 구분하는 중요한 특징 중 하나야. 그래서 직립 보행을 했던 화석 인류를 발견한 건 인류의 진

직립 보행

척추를 곧게 세우고 두 발로 서서 걷는 것을 말한다. 직립 보행 덕분에 사람은 손을 자유롭게 움직여 도구를 다루고, 더 멀리까지 살필 수 있게 되었다. 또한 에너지를 절약하며 먼 거리를 이동할 수 있게 해서 인류 진화에 큰 역할을 했다.

화 과정을 밝히는 데 큰 의미가 있지.”

“그러니까 인류의 큰 특징이 두 발로 똑바로 걷는 거네요. 미토콘드리아 이브를 찾았던 것처럼 ‘처음으로 걸었던 인류’를 찾으면 되는 거고요. 그게 바로 사헬란트로푸스 차덴시스라는 화석 인류고, 그 화석이 발견된 곳이 이 차드의 주라브 사막 동굴이라는 거죠. 그 시기가 약 700만 년 전이고요.”

리처드가 난서의 머리를 가볍게 쓰다듬었다.

“제법인데? 잘 정리했어.”

밀림이 사막이 된 사연

난서는 또 다른 궁금증이 떠올랐다.

“그런데 왜 첫 인류는 사막에서 살았던 거예요? 조상이 같은 침팬지는 지금도 밀림에서 살고 있잖아요. 인류는 왜 하필 이렇게 뜨겁고 척박한 사막에 남게 된 거죠?”

“좋은 질문이야. 사실 예전에는 여기가 사막이 아니라 초원이었을 거야. 인류는 원래 침팬지 같은 영장류와 함께 밀림에서 살다가 쫓겨나듯 초원으로 밀려났을 가능성이 커.”

"쫓겨났다고요? 전쟁이라도 벌어졌나요?"

난서는 순간, 지능이 높아진 침팬지와 인간이 맞서는 영화 〈혹성탈출〉의 한 장면이 떠올랐다. 하지만 리처드는 고개를 저으며 말했다.

"아니, 기후 변화 때문이야. 젊은 유령들 말로는 요즘 지구가 온난화로 여름에는 폭염이 이어지고, 갑자기 비나 눈이 쏟아지는 날도 많아 살기 힘들다고 하더라. 그렇게 극단적인 기후가 반복되면 땅이 점점 메말라서 숲이나 초원이 무너지고, 결국 사막화로 이어지거든. 아마 700만 년 전에도 비슷한 일이 있었을 거야."

"그게 인류가 밀림에서 쫓겨난 거랑 무슨 상관이에요?"

"기후 변화로 밀림이 줄어들면서 먹을 게 부족해졌겠지. 인류는 침팬지나 오랑우탄보다 덩치가 작고 힘도 약했으니 먹이를 두고 싸우면 불리했을 거야. 결국 안전하고 먹을 것이 풍부한 밀림에서 버티기 어려웠고, 밀려나듯 초원으로 가게 된 거야."

"밀려났다니….."

난서는 '힘이 약해서 밀려났다'는 말이 왠지 억울하게 느껴졌다. 하지만 동시에 그런 불리한 조건 속에서 살아남아 직립 보행이라는 큰 변화를 이룬 인류가 대단해 보였다.

그때 윌마가 호기심 가득한 목소리로 말했다.

"초원이 밀림보다 살기 힘든 곳인가요? 오히려 난 초원이 더 평화롭고 아름답던데."

메리가 대신 대답했다.

"초원은 나무가 듬성듬성 흩어져 있어서 시야가 탁 트여 있죠. 그래서 평화로워 보일 수는 있어요. 하지만 만약 거기에 인간을 노리는 맹수가 산다면 어떨까요? 얘기가 달라지겠죠."

윌마의 표정이 굳어졌다. 살아 있는 동안 친척이 사자에게 목숨을 잃었던 기억이 떠오른 것이다.

난서는 다시 물었다.

밀림과 달리 숲이 우거지지 않은 초원

사헬란트로푸스 차덴시스

"밀림에도 맹수는 많잖아요? 사자뿐 아니라 악어, 호랑이, 표범도 있고, 하마나 코끼리 같은 거대한 동물도 있는데요?"

리처드는 고개를 끄덕였고, 메리가 이어서 설명했다.

"밀림에서는 나무 위로 올라가 맹수의 공격을 피할 수 있어. 숲이 울창하니까 몸을 감추기도 쉽고. 하지만 초원은 달라. 숨을 곳이 드물고, 멀리서도 모습이 그대로 보이지. 고대 인류는 네 발로 다니는 동물들과 달리 몸을 세우고 두 발로 걸었으니 더 눈에 띄었을 거야. 그런데 초원에는 맹수에게서 도망칠 만한 나무조차 많지 않았지."

"그럼… 그냥 달리면 되지 않나요? 저도 달리기 잘하는데."

난서의 순진한 물음에 메리가 웃으며 고개를 저었다.

"하하, 올림픽 육상 100m 금메달리스트보다 하마가 더 빠르다는 말 들어 봤니? 그런데 사자나 표범은 하마보다 훨씬 더 빠르단다. 사실 하마는 느린 편에 속하지. 그러니까 달리기로 맹수를 따돌리는 건 거의 불가능해."

듣고 보니 정말 그랬다. 난서는 눈앞에 펼쳐진 사막을 가만히 바라보았다. 밀림처럼 울창한 나무가 없어 멀리까지 훤히 보였다. 그 속에서 맹수에게 쫓기는 고대 인류의 모습을 떠올렸다. 운 좋게 나무 근처에 있던 사람은 살아남았겠지만, 그렇지 못한 사람은 도망칠 길이 없었을 것이다.

루이스가 모두를 향해 말했다.

"오늘은 여기까지 할까? 오랜만에 현장에 나오니까 피곤하네."

"그러게요, 유령이라도 피곤하네요."

윌마가 맞장구치자 모두 웃음을 터뜨렸다. 난서와 유령들은 곧 유령클럽으로 돌아왔고, 다음 날 0시에 다시 만나기로 약속한 뒤 헤어졌다.

그날 밤 난서는 초원에서 사자에게 쫓기는 꿈을 꾸었다. 날카로운 송곳니를 드러낸 사자가 바짝 뒤쫓아 오자 간신히 나무 위로 올라가 매달렸다. 그러나 아래에서는 사자 여러 마리가 으르렁거리며 나무 주위를 맴돌았다. 난서는 온몸을 떨며 나뭇가지를 붙잡고 버티다가 끝내 미끄러져 떨어지고 말았다.

그 순간, 화들짝 놀라 잠에서 깨어났다. 시계를 보니 새벽 4시 44분이었다.

두 발로 걷기 시작하다

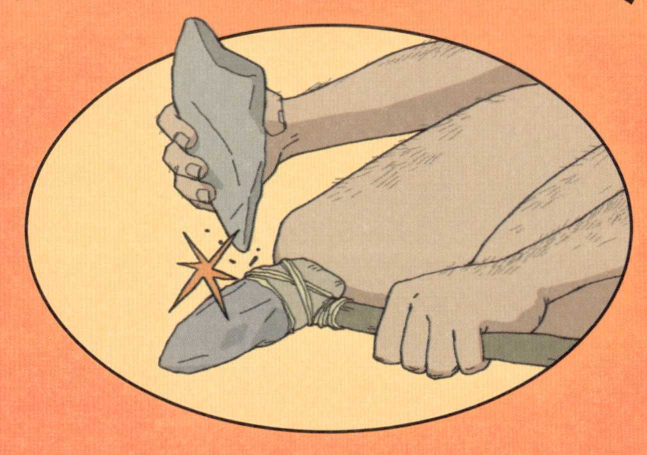

오스트랄로피테쿠스

오스트랄로피테쿠스

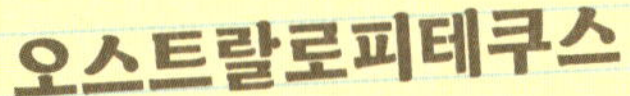

Australopithecus

언제? 약 450만~200만 년 전

어디서? 동·남아프리카

신체 직립 보행 완성, 골반과
대퇴골이 인간을 닮음

생활 채집, 간단한 돌 도구 사용 가능성

의미 두 발로 서서 걷기를 시작한
'사람다움'의 첫걸음

한 사람 뼈가 이렇게나 많이?

밤 0시가 되자 난서는 유령클럽으로 향했다. 이미 그곳에는 윌마와 리처드가 기다리고 있었다. 어제 아프리카 탐험을 함께 다녀온 덕분일까, 난서는 리처드가 다정한 옆집 아저씨처럼 친근하게 느껴졌다.

리처드는 먼저 루이스의 소식을 전했다.

"아버지는 어제 아프리카에 다녀온 뒤 유령 몸살이 와서 오늘은 쉬기로 했어. 어머니도 곁에서 돌보고 계시고."

난서는 아쉽기도 했지만, 리처드와 단둘이 얘기할 기회가 생겨 좋기도 했다. 그동안 마음속에 쌓아 두었던 궁금증을 드디어 털어놓았다.

"어제 만난 사헬란트로푸스 차덴시스는 어떻게 생겼나요? 우리와 비슷한가요, 아니면 유인원에 더 가까웠나요?"

리처드가 차분한 목소리로 설명했다.

"생김새는 지금의 우리보다는 침팬지에 더 가까웠을 거야. 침팬지와 같은 조상을 공유했던 시기니까."

"그럼 뭘 먹고 살았을까요? 먹어야 살잖아요."

"치아를 조사해 보니 과일이나 채소 같은 걸 주로 먹었어. 오늘날 침팬지와 비슷했지. 가끔은 꿀이나 흙, 곤충, 새, 달걀, 작은 포유류를 먹기도 하고. 흥미로운 점은 인류는 수백만 년 동안 많은 변화를 겪었지만, 침팬지는 그때와 지금이 거의 달라지지 않았다는 거야."

"700만 년이나 지났는데도요?

난서가 눈을 크게 뜨자 리처드는 피식 웃었다.

"하하, 지구 나이가 45억 년이 넘는 걸 생각해 봐. 700만 년은 눈 깜짝할 사이나 마찬가지야."

"그럼 침팬지를 연구하면 고대 인류가 어떻게 살았는지도 알 수 있겠네요?"

"맞아. 그래서 고대 인류를 연구할 때 침팬지를 함께 연구하기도 해."

난서는 고개를 끄덕였지만 여전히 수천만 년, 수억 년이라는 시간은 실감 나지 않았다. 지구의 나이가 46억 년쯤이고, 다섯 번의 대멸종이 있었다는 사실은 교과서에서 읽은 적이 있었지만 먼 옛날이야기처럼 느껴졌다.

난서는 약 6,600만 년 전 다섯 번째 대멸종 때 멸종한 공룡을 떠올렸다. 45억 년은커녕 6,600만 년조차도 끝이 보이지 않는 아득한 시간 같았다. 그런데 어떤 날은 너무 길고 지루해 끝나지 않을 것처럼 느껴지기도 했다.

대멸종

짧은 시간에 전 세계 생물종이 많이 사라지는 사건을 말한다. 특히 전체 종의 75퍼센트 이상이 사라진 경우를 '대멸종'이라 부른다. 지구 역사상 다섯 번의 대멸종이 있었고, 극심한 기후 변화, 화산 폭발, 지진, 소행성 충돌 같은 갑작스러운 환경 변화가 주된 원인이었다.

난서가 리처드에게 물었다.

"오늘은 어디로 가요?"

"역시 아프리카야. 에티오피아의 아파르라는 지역이지."

리처드의 말에 윌마가 소리쳤다.

"나는 매일 고향에 가는 기분이라 좋아!"

윌마의 눈빛에 묘한 그리움이 담겨 있었다. 난서는 괜히 마음이 짠해져 윌마의 허리를 감싸 안고 어깨에 머리를 기댔다. 말없이도 서로의 마음이 전해지는 듯했다.

잠시 후, 난서는 리처드의 도움을 받아 스마트폰에 에티오피아 아파르에 있는 하다르 마을을 검색했다. 세 사람은 손을 맞잡고 눈을 감았다. 곧 눈앞이 환해지며 키 작은 나무와 졸졸 흐르는 개울이 있는 초원이 펼쳐졌다.

리처드가 감회 어린 목소리로 말했다.

"1974년, 저기 아와시 계곡에서 아주 중요한 화석이 발견됐어. 처음에는 미국의 인류학자 도널드 요한슨이 뼛조각 하나를 발견했지. 그리고 그 주변에서 두개골, 척추, 갈비뼈 등을 계속 찾아냈어. 몸 전체의 40퍼센트가 넘는 뼈가 한 번에 나온 거야. 놀라운 일이었지. 한 장소에서 그렇게 많은 뼈가 발견된 적이 없었거든."

난서는 리처드가 가리키는 방향을 바라보았다.

"그럼 사헬란트로푸스 차덴시스는요? 어제 본 건 두개골만 있었잖아요?"

"정확히는 두개골, 아래턱, 치아 몇 개뿐이었어."

"네? 고작 그것만으로 두 발로 걸었다는 걸 알아낸 거예요?"

"하하, 인류학자들을 얕보면 안 돼. 게다가 비교할 수 있는 침팬지도 있으니까."

리처드는 씩 웃으며 말을 이었다.

"이제 루시를 만나러 가자."

"루시요?"

"여기서 발견된 고대 인류의 이름이 루시야. 학명은 '오스트랄로피테쿠스 아파렌시스'인데, 어렵지? 그냥 '루시'라고 부르면 돼. 지금은 에티오피아의 수도 아디스아바바에 있는 국립 박물관에서 편안히 쉬고 있단다."

'루시' 이름이 탄생한 순간

세 사람은 에티오피아 국립 박물관 앞에 도착했다. 박물관 앞은 발 디딜 틈 없이 붐볐는데, 대부분 루시를 보러 온 사람들이었다. 리처드는 그래서 이곳을 '루시 박물관'이라고 부르기도 한다고 알려 주었다.

박물관은 지하 1층, 지상 3층으로 이루어진 건물이었다. 루시는 지하 1층 전시실에 있었다. 세 사람은 입장료를 내지 않고 박물관 안으로 들어갔다. 당연히 아무도 이들의 존재를 눈치채지 못했다. 유령들과 함께 움직이는 난서도 마찬가지였다.

전시관 벽에는 이런 설명이 붙어 있었다.

1974년, 미국과 프랑스의 합동 조사단이 키 약 106cm, 몸무게 약 28kg으로 추정되는 여성 화석을 발견했다. '루시'라는 이름이 붙은 이 여성 조상은 약 320만 년 전 아프리카 동쪽 에티오피아 아파르 지역에서 살았던 것으로 밝혀졌다. 루시가 속한 오스트랄로피테쿠스 아파렌시스는 약 390만~290만 년 전까지 존재했을 것으로 추정된다.

"왜 이름이 루시예요? 아프리카 사람 이름 같진 않은데요."

난서의 물음에 리처드가 말했다.

"거기엔 재미있는 사연이 있지. 루시를 발견한 날, 발굴 팀이 이를 축하하기 위해 파티를 열었어. 그때 한 연구원이 비틀스의 노래 〈루시 인 더 스카이 위드 다이아몬드(Lucy in the sky with diamonds)〉를 계속 틀었지. 그러다 누군가 '이 화석의 이름을 루시라고 하자'라고 제안했고, 모두 동의했어. 그렇게 이름이 굳어진 거야."

"와, 노래 제목에서 따온 거였네요!"

"오스트랄로피테쿠스 아파렌시스라고 불렀다면 이렇게까지 유명해지지 않았을 거야. 루시는 이제 세계에서 가장 유명한 고대 인류가 되었지. 심지어 영화 제목으로도 쓰일 정도니까.”

이들은 사람들 틈을 헤치고 전시 유리관 앞에 섰다. 투명한 케이스 속에는 조각난 뼈들이 가지런히 놓여 있었다. 난서는 조심스레 유리 위에 손을 얹었다. 손끝이 스르륵 유리관 안으로 들어

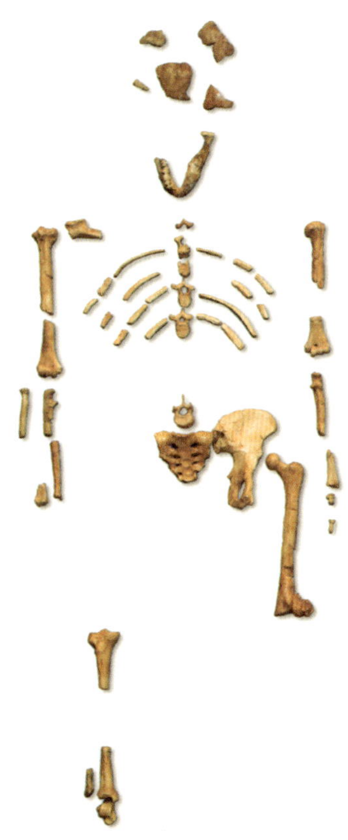

루시라고 불리는 오스트랄로피테쿠스 아파렌시스의 골격

가 루시의 뼈에 닿았다. 머리뼈, 갈비뼈, 골반을 따라 천천히 쓰다듬자 320만 년 전의 숨결이 전해지는 듯했다.

난서는 루시의 가슴뼈에 손을 얹고 속삭였다.

"안녕, 루시. 난 한국에서 온 난서야."

그러자 리처드가 장난스럽게 말했다.

"흐흐, 사실 진짜 루시는 특별 제작된 금고 안에 보관돼 있어. 여기에 있는 건 정교한 모형일 뿐이지."

"네? 깜빡 속았네요. 그래도 너무 감동적이에요. 우리가 상상도 못할 먼 시간을 건너 이렇게 마주한 거잖아요. 루시의 유령이 있다면 얘기해 보고 싶은데."

리처드는 고개를 저었다.

"만난다고 해도 대화를 나누진 못할 거야."

"왜요? 너무 옛날 사람이라 말이 안 통할까요?"

"우리가 말을 할 수 있는 건 목에 U자 모양의 '목뿔뼈'가 있어서인데, 이 뼈가 생긴 건 현재 인류 바로 전 세대인 네안데르탈인부터야. 네안데르탈인 이전 인류들은 아마 동물처럼 으르렁거리거나 몸짓으로 의사 표현을 했을 거야."

평화를 불러온 작은 송곳니

난서는 박물관 한쪽에 붙어 있는 오스트랄로피테쿠스에 대한 설명을 꼼꼼히 읽고 있었다. 그때 등 뒤에서 리처드의 목소리가 들려왔다.

"오스트랄로피테쿠스가 중요한 이유는, 이들 이후부터 '사람'을 뜻하는 '호모(Homo)'라는 이름이 붙은 고대 인류가 등장하기 때문이야. 드디어 인간 대접을 받게 된 거지."

난서는 벽에 붙은 설명문을 가리키며 말했다.

"그런데 설명에 '송곳니가 작아졌다'고 적혀 있는데, 그건 무슨 뜻이에요?"

"오호, 예리한데?"

리처드는 고개를 끄덕이며 설명을 이어 갔다.

> **오스트랄로피테쿠스**
>
> '남쪽의 원숭이'라는 뜻으로, 450만~200만 년 전 존재한 고대 인류. 이들은 아프리카 동부와 남부, 아프리카 북부에 자리 잡은 사하라 사막 일대에 살았다. 송곳니가 작고, 골반과 대퇴골이 침팬지가 아닌 인간과 비슷해 두 발로 걸었다는 사실을 알 수 있다.

침팬지와 구분되기 시작한 오스트랄로피테쿠스의 두개골

"직립 보행과 함께 고대 인류를 구분 짓는 또 하나의 특징이 바로 작은 송곳니야. 흥미로운 점은 작은 송곳니가 평화를 상징한다는 거지."

뜻밖의 단어가 나오자 난서는 얼떨떨해졌다.

"평화요?"

"그래. 기억하지? 고대 인류는 오랑우탄, 고릴라, 침팬지 같은 영장류와 공통 조상을 두다가 약 700만 년 전 침팬지와 갈라져 나왔어. 그런데 침팬지를 비롯한 다른 영장류는 여전히 크고 날카로운 송곳니를 가지고 있지."

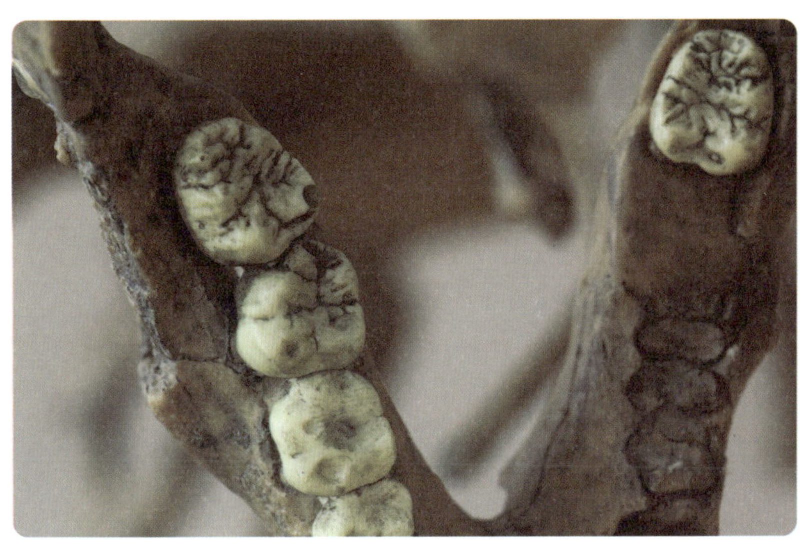

작은 송곳니가 특징인 오스트랄로피테쿠스의 치아

"아! 동물 다큐멘터리에서 본 적 있어요."

"그럼 왜 인류만 송곳니가 작아졌을까?"

리처드의 물음에 난서는 잠시 고민하다 말했다.

"흐흐, 저는 연구자가 아니라 잘 모르겠는데요."

난서는 무심코 혀끝으로 자기 송곳니를 만져 보았다. 그리고 스마트폰을 꺼내 사람과 침팬지의 송곳니 사진을 찾아 비교했다. 영화 속 뱀파이어는 피를 빨기 위해 날카로운 송곳니를 드러내지만, 사람의 송곳니는 다른 치아보다 약간 뾰족할 뿐 크게 다르지 않았다. 반면 침팬지의 송곳니는 훨씬 크고 날카로워 확연히 차이가 났다.

"그럼 작은 송곳니가 왜 평화를 의미하는 거예요?"

리처드는 손가락으로 자기 송곳니를 가리키며 말했다.

"고대 인류는 주로 열매나 채소를 먹었어. 송곳니는 원래 고기를 찢거나 물어뜯는 데 사용한 치아야. 육식동물은 송곳니를 사냥감을 물어 죽이는 무기로 써. 하지만 식물성 음식을 먹을 때는 그런 기능이 필요 없지."

"그렇다면 왜 송곳니가 사라지지 않고 남아 있는 거예요?"

"다른 영장류를 보면 알 수 있어. 침팬지나 고릴라는 입을 벌려 날카로운 송곳니를 드러내면서 상대를 위협해. '나한테 덤비지 마' 하고 경고하는 거지. 특히 암컷을 두고 수컷끼리 다툴 때 많이 사용하곤 해."

난서는 무릎을 치며 환하게 웃었다.

"그러니까 송곳니가 작아졌다는 건 서로 싸우지 않고 평화롭게 지냈다는 증거네요!"

리처드는 온화한 얼굴로 고개를 끄덕였다. 그의 송곳니는 확실히 작고 뭉툭해 보였다. 난서는 다시 한번 리처드가 친근한 옆집 아저씨 같다고 생각했다.

"훗날 인간이 고기를 먹기 시작했을 때도 육식동물과 달리 송곳니가 아니라 앞니를 더 많이 썼어.”

리처드의 말을 끝으로 이들은 루시에게, 정확히는 루시의 모형에게 작별 인사를 건넸다. 유령클럽으로 돌아온 뒤 리처드는 유령 몸살에 걸린 루이스를 찾아갔고, 난서는 자기 방으로 향했다.

시계를 보니 0시 1분. 단 1분, 유령클럽에서는 하루가 흐른 시간 동안 약 320만 년 전 아프리카에 살았던 루시를 만나고 온 것이다. 모든 것이 꿈결처럼 아득했다.

이불을 끌어당기며 난서는 마음속으로 생각했다.

‘어쩌면 오늘 밤 꿈속에서 진짜 루시를 만날 수 있을지도 몰라.’

도구 천재의 등장

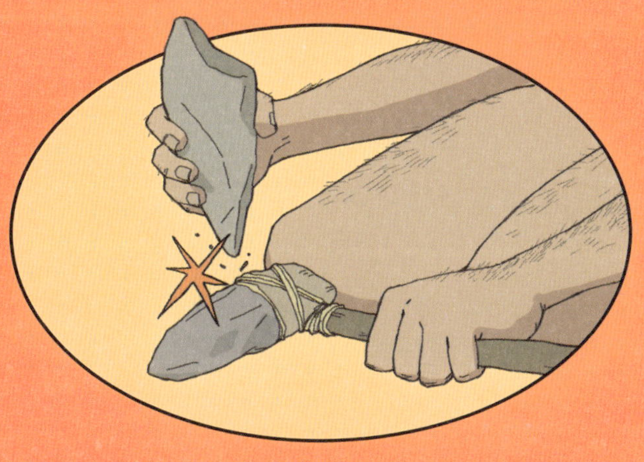

호모 하빌리스

호모 하빌리스

Homo Habilis

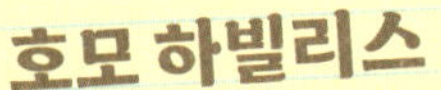

언제?	약 250만 년 전
어디서?	동아프리카
신체	얼굴은 침팬지를 닮았으나 손은 사람을 닮음
생활	올도완 석기(뗀석기) 사용, 무리 생활 시작
의미	호모속의 첫 등장, 도구를 사용한 '손을 쓸 줄 아는 사람'

인류는 아프리카에서 기원했어

난서는 0시가 되자마자 유령클럽으로 향했다. 늘 모이는 곳에 도착하니 루이스와 리처드가 심각한 표정으로 대화를 나누고 있었다. 분위기가 무거워 난서는 괜히 주변만 두리번거렸다.

그때 누군가 난서의 팔을 붙잡았다. 메리 리키였다.

"루시를 만나고 왔다면서? 나도 같이 갔으면 좋았을 텐데."

"저도 아쉬워요. 그런데 루이스랑 리처드는 무슨 얘기를 하는 거예요?"

"과거에 발굴한 고대 인류 화석에 대해 얘기하고 있어. 나도 그 자리에 있었는데, 자기들끼리만 공을 다투고 있네."

"네? 메리도 화석을 발견했어요?"

메리는 당연하다는 듯 고개를 끄덕였다. 난서는 얼른 스마트폰을 꺼내 '메리 리키'를 검색했다.

"와, 정말 대단하시네요!"

난서가 메리에게 검색 내용을 보여 주자 메리는 신기한 듯 스마트폰 화면 속 자신의 모습과 설명을 한참 살폈다.

"그걸로 리처드도 찾아볼래? 리처드 리키."

"세 분 모두 엄청난 일을 하셨네요."

난서가 감탄하자 메리가 웃으며 속삭였다.

"리처드는 유령이 되기 전까지 제멋대로였지. 그래도 어릴 때부터 현장을 데리고 다닌 덕분인지 발굴도 잘하고, 사냥 실력도 뛰어났어."

메리 리키

영국의 고인류학자로, 아프리카 동부 탄자니아의 올두바이 협곡에서 진잔트로푸스 보이세이의 두개골을 발견했다. 또한 호모 하빌리스의 화석을 발굴했고, 올두바이에서 발견된 석기를 분류하는 시스템을 만들었다.

리처드 리키

인류 기원 연구로 유명한 루이스 리키와 메리 리키 부부의 둘째 아들이자 고인류학자. 1972년 호모 루돌펜시스 화석을 발견하며 세계적인 주목을 받았다. 1984년에는 가장 완벽한 고대 인류 화석으로 평가받는 '투르카나 소년(호모 에렉투스)'을 발굴했다.

“지금 내 얘기하는 거예요?”

리처드가 다가오며 눈을 가늘게 떴다. 난서는 얼른 스마트폰 화면을 껐다. 곧이어 루이스도 합류했다.

“유령 몸살은 다 나으셨어요?”

난서의 물음에 루이스는 부드럽게 웃었다.

“그럼. 오늘은 내가 발견한 고대 인류 화석을 보러 갈 거야.”

“여보, 우리가 함께 발견했잖아요. 정확히 말하면 내가 먼저 찾았고요.”

루이스는 황급히 말을 고쳤다.

“맞아, 우리가 발견했지. 하하.”

“제가 발견한 화석도 보러 가야죠?”

리처드가 장난스럽게 끼어들었다. 리키 가족의 농담에 난서는 어쩔 줄 몰라 했다.

그때 윌마가 나타나 모두를 불러 모았다.

“오늘은 어디로 가는 거예요?”

난서의 물음에 리처드가 대답했다.

“먼저 아프리카 탄자니아에 갔다가 케냐로 갈 거야.”

난서는 스마트폰을 켜 ‘탄자니아’를 검색했다. 리키 가족과 윌마가 난서의 팔을 잡자 순식간에 올두바이 협곡에 도착했다. 거친 초원 사이로 길게 패인 협곡이 펼쳐졌다.

루이스가 어깨를 펴며 자랑스럽게 말했다.

"바로 여기서 메리와 함께 고대 인류의 화석을 발견했어. 그때가 1959년이던가?"

"고대 인류 역사에서 아주 중요한 발견이었지. 아마 저쪽쯤일 거야."

메리는 감개무량한 듯 협곡을 둘러보며 말했다. 그리고 루이스의 팔을 잡고 예전 발굴 장소로 천천히 걸어갔다.

탄자니아의 올두바이 협곡

최초의 인류 발견?

리처드는 난서와 윌마에게 루이스 부부의 발견이 왜 중요한지 설명했다.

"아버지가 이곳에서 화석을 발견하기 전에 학계에서는 인류의 기원이 아시아일 거라고 생각했어. 그때까지 발견된 고대 인류 화석이 대부분 아시아에서 나왔기 때문이지. 사실《종의 기원》에서 진화론을 처음 주장한 영국의 생물학자 찰스 다윈도 인류가 아프리카에서 기원했을 가능성에 대해 말했지만, 당시에는 크게 주목받지 못했어."

"그럼 루이스는 왜 여기까지 온 거예요?"

난서의 물음에 리처드가 답했다.

"우리 집안이 원래 이쪽 지역과 인연이 깊었어. 할아버지가 여기 탄자니아에서 가까운 케냐에서 선교사로 활동하셨고, 아버지도 케냐에서 태어나셨지. 나도 마찬가지고."

"나처럼 아프리카가 고향이라고요? 피부색은 달라도 고향 친구였네요."

윌마의 말에 리처드는 웃으며 그녀와 손뼉을 마주쳤다.

"아버지는 사람이 살았을 만한 곳, 그러니까 물과 먹을 게 풍부한 호수 주변을 집중적으로 조사했어.”

난서가 주변을 둘러보며 말했다.

“이 넓은 땅에서 뼛조각을 찾는 건, 말 그대로 모래밭에서 바늘 찾기 같겠네요. 그렇다고 무턱대고 파헤칠 수는 없잖아요?”

“맞아. 예전에 이 지역을 조사했던 독일 곤충학자에게서 이야기를 들은 뒤, 전쟁이 끝나자 함께 조사하게 된 거야. 그런데 도착한 지 하루도 안 돼 당시로서는 가장 오래된 석기인 주먹도끼를 발견했지.”

“그때 정말 힘들었지.”

언제 돌아왔는지 루이스와 메리가 곁에 서 있었다. 루이스는 그날의 기억을 떠올리며 고개를 저었다.

“먹을 것도 부족했고, 흙탕물을 마시며 뙤약볕 아래서 하루 종일 뼛조각을 찾았어. 아프리카에서 인류의 기원을 밝혀내겠다는 믿음 하나로 버틴 거지. 다시 하라고 하면 못 할 거야. 그러다 운명의 날이 왔어. 처음 발견한 건 당신이었으니, 직접 얘기해 줘.”

주먹도끼

구석기 시대의 대표적인 도구. 한 손에 쥐고 동물을 사냥하거나 가죽을 벗기고, 땅을 파서 풀이나 뿌리를 캐는 등 다양한 용도로 사용되었다.

손에 쥐고 사용한 구석기 시대의 주먹도끼

'그 녀석'의 이름은 진잔트로푸스

메리가 천천히 입을 열었다.

"그날 당신은 아파서 캠프에 누워 있었잖아. 나 혼자 개를 데리고 경사면을 내려가다가 석기와 동물 뼈가 흩어져 있는 걸 봤어. 해가 중천에 떠서 돌과 뼈가 잘 구별되지 않았더라고. 그냥 돌아가려던 참이었지."

난서와 윌마는 숨을 죽이고 메리의 이야기에 집중했다.

"그런데 비탈진 곳에서 뼛조각 하나가 꼭 나를 부르는 것 같더라. 집어 들어 솔로 털어 보니 맙소사, 턱뼈에 붙은 이 2개는 분명 유인원의 것이었어. 그 순간 직감했지. 이 근처에 더 있을 거라고. 곧장 캠프로 달려갔어."

"맞아, 당신이 '그 녀석을 찾았어!'라고 외치며 달려오던 모습이 아직 생생해. 난 그때까지 아파서 누워 있었는데, 그 말을 듣자마자 씻은 듯 나아서 현장으로 달려갔지. 눈물이 날 것 같았어. 우리가 드디어 최초의 인류를 발견했다고 믿었으니까."

루이스는 목이 메어 말을 잇지 못했다. 리처드가 대신 설명을 이어 갔다.

"사실 1959년에 발견한 건 우리가 찾던 '그 녀석'이 아니었어. 오스트랄로피테쿠스의 한 종류였고, '진잔트로푸스 보이세이'라는 이름을 붙였지. 나중에 이 이름은 '파란트로푸스 보이세이'로 바뀌긴 해. 큰 어금니 덕분에 '호두까기 인간'이라는 별명도 얻었어. 하지만 이 발견으로 연구비가 크게 늘었고, 결국 1963년에는 최초의 호모속으로 꼽히는 호모 하빌리스를 찾아낼 수 있었어."

리처드는 난서를 보며 말했다.

"호모속(사람속), 즉 '호모'라는 이름은 우리 현생 인류와 가까운 조상, 그리고 친척 종들을 묶어 부르는 말이야. 호모 하빌리스

호모속의 첫 번째 종으로 알려진 호모 하빌리스의 두개골

를 비롯해 앞에 '호모'가 붙으면 '호모속에 속하는 인류'라는 뜻이
되는 거지."

"아, 맞다! 생물 분류 체계죠? 종속과목강문계역!"

난서가 신나서 손가락을 접으며 말했다. 그러자 윌마가 어리둥
절한 얼굴로 물었다.

"종속과, 그다음 뭐라고? 그게 대체 뭔데?"

"맨 앞에 '종(Species)'은 같은 특징을 지닌 가장 작은 단위고, 그 위가 '속(Genus)'이에요. 속이 모이면 '과(Family)', 과가 모이면 '목(Order)', 또 '강(Class)·문(Phylum)·계(Kingdom)·역(Domain)' 순서로 커지죠. 예를 들어 우리는 호모 '속'의 사피엔스 '종', 그러니까 호모 사피엔스라고 부르는 거예요."

생물명	종	속	과	목	강	문	계	역
인간	사피엔스	호모	인류과	영장목	포유강	척삭동물문	동물계	진핵생물역

생물 분류 체계로 보는 인간

루이스는 웃으며 고개를 끄덕였다.

"역시 학교에서 배운 걸 잘 기억하고 있구나. 이 발견 덕분에 내가 주장하던 인류는 아프리카에서 시작되었다는 이론인 '아프리카 기원설'이 힘을 얻게 된 거야. 그리고 리처드는 내 이론을 뒷받침하는 중요한 발견을 했지."

루이스의 말에 난서와 월마는 박수를 쳤다.

"그럼 이제 제 업적을 확인하러 케냐로 가죠!"

리처드가 장난스럽게 으스대자 메리는 혀를 차며 웃었다.

"휴, 가끔 저렇게 잘난 척을 한다니까."

리처드는 난서를 향해 윙크했다.

루돌프? 호모 루돌펜시스!

난서는 리처드가 알려 준 대로 케냐 북부의 투르카나 호수를 검색하고 함께 이동했다. 눈앞에는 끝없이 펼쳐진 호수와 오래전 화산 폭발로 생긴 거대한 분화구가 드넓게 자리 잡고 있었다.

리처드는 이곳에서만 20년 넘게 화석을 조사하며 고대 인류의 흔적을 발견했다고 자랑스레 말했다.

루이스가 리처드의 어깨를 두드리며 말했다.

"리처드는 정말 많은 걸 해냈어. 리처드가 없었다면 '인류의 기원은 아프리카'라는 내 주장이 증명되기까지 훨씬 더 오래 걸렸을 거야."

"드디어 아버지도 저를 인정하시는군요."

케냐의 투르카나 호수에 있는 화산 분화구

"물론이지. 다만, 그 주장은 내가 먼저 했다는 거 잊지 마."

그때 메리가 끼어들었다.

"아직도 그 말이야? 난서 앞에서 부끄럽지도 않아?"

루이스와 리처드는 멋쩍게 웃었다. 난서는 못 들은 척하며 리처드에게 물었다.

"리처드가 여기서 발견한 화석은 어떤 건가요?"

"아버지가 발견한 호모 하빌리스와는 조금 달라서, 나는 호모 루돌펜시스라는 이름을 붙였어. 이 호수의 옛 이름, '루돌프'에서 따온 거지."

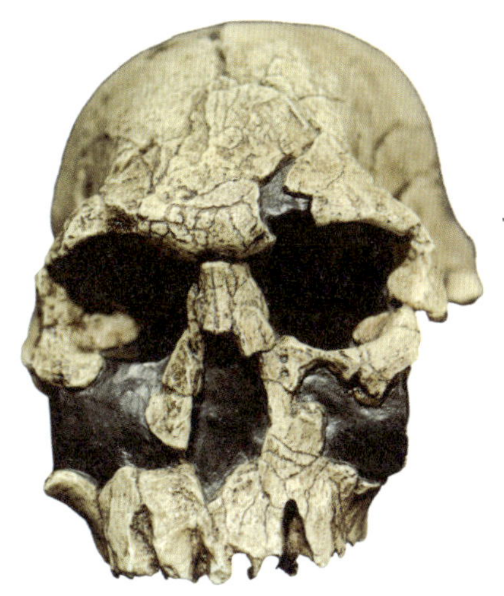

호모 하빌리스보다 뇌 용량이 큰 호모 루돌펜시스의 두개골

난서는 검색한 내용을 소리 내어 읽고는 고개를 끄덕였다. 그러자 루이스가 물었다.

"그럼 내가 발견한 호모 하빌리스와는 어떤 차이가 있지?"

"호모 루돌펜시스는 뇌 용량이 더 크고, 머리 모양도 둥글다기보다 타원형에 가까워요. 무엇보다 아버지가 주장한 아프리카 기원설이 옳다는 걸 뒷받침하는 중요한 화석이죠."

루이스는 만족스러워하며 고개를 끄덕였다.

리처드는 모두를 향해 말했다.

"아마 호모 루돌펜시스는 오스트랄로피테쿠스보다 훨씬 능숙하게 걸었을 거예요. 잘 걷는다는 건 더 멀리 이동할 수 있다는 뜻이죠."

난서는 한동안 투르카나 호수 주변을 걸으며 땅을 유심히 살폈다. 혹시라도 화석이 있을까 싶어서였다. 그 모습을 본 메리가 난서에게 다가와 부드러운 목소리로 말했다.

"세상은 때로는 가까이, 때로는 멀리 바라봐야 해. 발밑에서 화석을 찾으면서도 그 화석을 통해 아주 먼 과거를 보는 것처럼 말이야."

그날 밤, 아프리카에서 자기 방으로 돌아온 난서는 메리의 말이 자꾸 마음에 맴돌았다.

'가까이도 보고, 멀리도 본다는 건 무슨 뜻일까? 혹시 고대 인류의 화석을 통해 지금의 나를 돌아보라는 말일까? 아니면 사람에게 두 눈이 있는 이유일까? 하나는 가까이를, 하나는 멀리를 보

기 위해서?'

예전에 읽은 책에서는 두 눈으로 두 방향을 함께 보는 게 편견에 빠지지 않는 길이라고 했다. 난서는 문득 궁금해졌다.

'먼 옛날, 고대 인류는 세상을 어떤 눈으로 바라봤을까?'

난서는 꼬리에 꼬리를 무는 질문 속에서 헤매다 꿈속으로 빠져들었다.

불과 함께 떠난 여행자

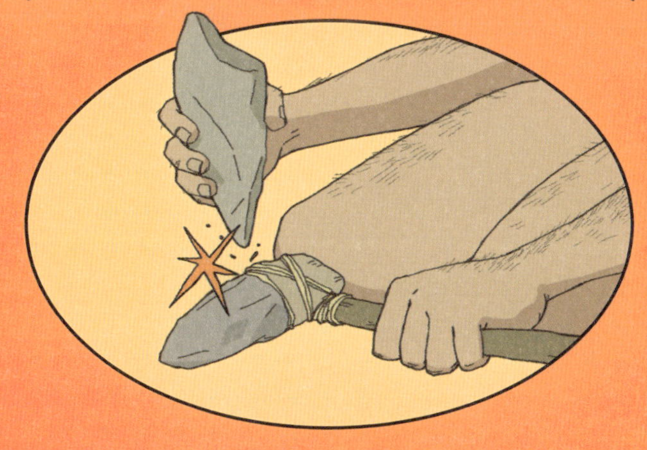

호모 에렉투스

호모 에렉투스

Homo erectus

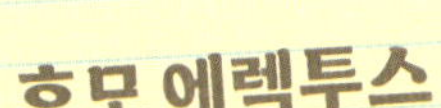

언제?	약 200만~10만 년 전
어디서?	아프리카 → 아시아, 유럽
신체	현대인과 비슷한 체격, 능숙하게 걷기
생활	불 사용, 사냥, 장거리 이동
의미	최초로 무리를 지어 아프리카를 떠난 '세계 여행가'

흰자위가 가져온 변화

난서는 유령클럽에서 메리를 보자마자 어젯밤 떠올린 질문을 꺼내 놓았다.

"메리, 고대 인류는 세상을 어떻게 봤을까요?"

메리가 미소 지으며 말했다.

"그건 아무도 알 수 없지. 하지만 한 가지는 확실해. 고대 인류의 눈에는 지금과 달리 흰자위가 거의 보이지 않았어."

난서는 외국 드라마에서 본 흰자위 없이 까만 눈동자만 가득한 외계인의 모습이 떠올라 소름이 돋았다.

"흰자위가요? 그럼 눈동자만 가득했단 말이에요?"

난서가 놀란 눈으로 묻자 메리는 고개를 끄덕이며 설명을 이어 갔다.

다른 동물들보다 흰자위가 넓은 인간

"그래. 그런데 인간은 다른 동물과 달리 '공막'이라고 하는 흰자위가 넓어. 그래서 상대가 어디를 보는지, 무슨 감정을 느끼는지 금방 알 수 있지. 서로의 시선을 읽고 마음을 짐작하는 거야."

메리는 잠시 난서와 눈을 맞추었다.

"어느 시점부터 인류의 눈에 흰자위가 나타났고, 서로의 눈빛을 읽을 수 있게 되면서 공감과 소통 능력이 크게 발달했어. 그 덕분에 더 복잡한 사회를 이룰 수 있었고, 결국 인류 진화에도 아주 중요한 역할을 하게 되었지."

"정말 그러네요. 메리 눈을 보니까 어디를 보고 있는지 알 수 있어요. 게다가… 마음이 편해져요.”

메리는 따뜻한 미소로 답했다. 주위를 둘러보자 지나가던 유령들이 난서를 향해 손을 흔들거나 말을 걸었고, 그때마다 난서의 시선이 유령들의 시선과 허공에서 마주쳤다. 난서는 새삼 눈을 맞추는 일이 낯설면서도 신기하게 느껴졌다.

그때 리처드가 손을 흔들며 다가왔다.

“난서, 안녕! 오늘은 투르카나 호수로 가자.”

“루이스는요?”

“아버지는 오늘은 쉰대.”

“유령 나이로 아직 얼마 되지도 않았는데 벌써 힘들다니, 참.”

어디선가 윌마가 나타나 농담을 던졌다. 모두가 웃음을 터트렸고, 곧 어제처럼 케냐의 투르카나 호수로 향했다.

리처드는 무척 들뜬 표정이었다.

“오늘은 나리오코토메 강에 갈 거야. 거기서 내가 엄청난 걸 발견했거든.”

최초로 아프리카를 떠나다

난서가 스마트폰에 '나리오코토메'를 검색하자 곧바로 리처드가 발견한 고대 인류의 화석 이야기가 나왔다. 설명을 읽던 난서는 질문 하나가 떠올랐다.

"호모 에렉투스는 어제 본 호모 하빌리스랑은 다른 종이죠?"

"맞아. 이름 뜻은 '똑바로 선 사람'이야. 호모 하빌리스보다 훨씬 우리와 가까운 모습이지."

"그런데 걷는 건 오스트랄로피테쿠스도 했잖아요. 왜 특별히 '똑바로 선 사람'이라는 이름이 붙은 거예요?"

"좋은 질문이야. 오스트랄로피테쿠스도 걸었지만, 호모 에렉투스는 훨씬 능숙했어. 멀리까지 걸을 수 있었거든. 아직 정확한 것은 알 수 없지만, 아마도 무리를 지어 처음으로 아프리카를 벗어

호모 에렉투스

1984년, 리처드 리키는 호모 에렉투스의 화석을 발견했다. 이 화석은 약 160만~150만 년 전에 살았던 청소년의 것으로, 투르카나 호수 근처 나리 오코토메 강둑에서 발굴되었다. '투르카나 소년'이라 불리며 현재까지 발견 된 가장 완전한 형태의 고대 인류 화석 중 하나다.

난 고대 인류일 거야."

"아프리카를 떠났다고요? 어디로 갔는데요? 왜 갔대요? 침팬지랑 싸운 건 아니죠? 설마 고릴라랑?"

난서가 질문 폭탄을 퍼붓자 리처드는 두 손을 번쩍 들어 올리며 웃었다.

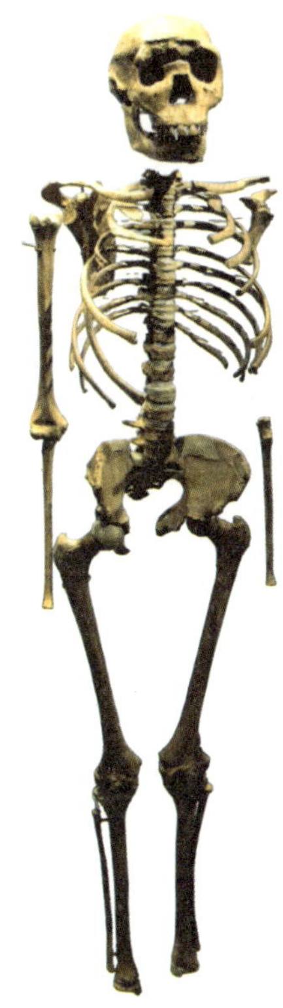

장거리 이동이 가능했던 호모 에렉투스의 골격

“하나씩, 천천히!”

난서는 들뜬 마음을 가라앉히고 다시 물었다.

“호모 에렉투스는 왜 아프리카를 떠났을까요? 아시아로 유학을 갔다거나 유럽에 취직하려고 간 건 아니겠죠?”

“하하, 그런 건 아니고.”

리처드는 잠시 웃다가 진지한 얼굴로 말했다.

“정확히 왜 떠났는지는 아무도 몰라. 하지만 걷는 능력이 좋아지면서 이동 거리가 길어졌고, 자연스럽게 아프리카를 벗어나 다른 대륙으로 퍼져 나갔을 거라고 봐.”

난서는 끝없이 이어진 초원을 따라 무리를 지어 걸어가는 사람들의 모습을 떠올렸다.

“그러니까 결국 왜 떠났는지는 모른다는 거네요?”

옆에서 듣고 있던 루이스가 어깨를 으쓱했다.

“응, 뼈만 가지고 그런 걸 알아내기는 어렵지. 다만 기후나 환경 변화 때문에 어쩔 수 없이 이주했을 수도 있어.”

“초기 인류가 기후 변화로 밀림을 떠났던 거랑 비슷하네요?”

“정확해. 살기 편하면 굳이 떠날 이유가 없으니까. 하지만 뭔가 힘든 일이 생기면 결국 움직이게 되는 거지.”

난서는 고개를 끄덕이다가 또다시 물었다.

"그런데 다른 지역으로 옮겨 가는 건 위험하지 않았을까요?"

"호모 에렉투스는 초기 인류보다 훨씬 유리한 조건을 갖추고 있었어. 키도 크고, 불을 다룰 줄 알아서 맹수나 추위로부터 스스로를 지킬 수 있었지. 게다가 석기도 잘 써서 음식을 준비하고 먹는 데에도 강했어. 아마 사냥도 꽤 잘했을 거야."

올도완 석기와 아슐리안 석기

"호모 에렉투스는 먼 거리를 이동한 것만 특별한 게 아니야."

루이스가 말을 마치자 리처드가 이어서 설명했다.

"뇌 용량도 거의 1,000cc에 이를 정도로 커졌고, 아버지가 말했듯이 불도 다룰 줄 알았어. 동굴에서 재나 불에 탄 뼈가 발견된 게 그 증거지. 또 돌과 나무로 집이나 마을을 만들었던 흔적도 남아 있어."

메리가 고개를 끄덕이며 덧붙였다.

"초기에는 호모 하빌리스처럼 가장 원시적인 돌 도구인 올도완 석기를 썼지만, 나중에는 그보다 훨씬 발전된 아슐리안 석기를 사용했어. 아슐리안 주먹도끼라고도 하지."

윌마가 돌을 쥔 것처럼 팔을 휘두르며 혼잣말을 했다.

"올도완은 뭐고, 아슐리안은 또 뭐야? 석기면 그냥 돌 도구 아닌가? 돌로 때리고, 던지고, 으깨고…."

리처드는 메리와 눈을 맞췄다.

"석기는 어머니 전공이잖아요. '올도완'이라는 이름은 아버지가 붙였지만, 석기를 크기·무게·모양에 따라 분류한 체계를 만든 건 어머니니까요."

메리는 쑥스러운 듯 웃다가 곧 자세를 고쳐 설명을 시작했다.

"올도완 석기는 루이스와 내가 탄자니아 올두바이 협곡에서 발견한 돌도끼야. 돌을 바닥에 놓고 다른 돌로 쳐서 깨면 날카로운 면이 생기거든. 그걸로 자르거나 긁어냈지. 한쪽만 깬다고 해서 '뗀석기' 또는 '타제석기'라고도 불러."

"그럼 아슐리안 주먹도끼는 뭐예요? 주먹처럼 생겼나요, 아니면 도끼예요?"

난서는 손을 번쩍 들고 물었다.

"프랑스 생아슐 지역에서 발견돼서 '아슐리안'이라고 불러. 앞에서 보면 물방울 모양에 가깝고, 옆에서 보면 도끼날처럼 뾰족해. 좌우가 대체로 대칭을 이루며, 밑 쪽은 잡기 쉽게 둥글고 위쪽 끝은 날카롭게 다듬어져 있지. 아슐리안 석기는 주로 호모 에렉

가장 초기의 도구인 올도완 석기(위)와
더 발전된 형태의 아슐리완 석기(아래)

투스가 사용했어. 아프리카는 물론이고 서아시아, 유럽, 일부 동아시아에서도 발견됐단다.”

난서는 머릿속으로 아슐리안 주먹도끼의 모습을 그려 보았다.

“그런데 그 석기는 어떻게 썼을까요?”

“글쎄, 손으로 들고 썼겠지. 발로 쓰진 않았을 테니까. 하하.”

리처드가 장난스레 말하자 난서는 어이없다는 듯 눈을 가늘게 떴다.

“그런 뜻이 아니잖아요. 언제, 어떤 상황에서 사용했냐고요.”

“하하. 사냥할 때도 쓰고, 사냥한 동물의 가죽을 벗기거나 고기를 손질할 때, 또 나무로 도구를 만들 때도 썼을 거야.”

불을 쓰면서 많은 게 바뀌었지

난서는 갑자기 어려운 질문으로 리처드에게 장난을 치고 싶었다. 곰곰이 생각하다가 입을 열었다.

“호모 에렉투스가 아프리카를 떠났다는 걸 어떻게 알아요?”

애써 진지한 표정을 지은 난서의 입꼬리가 웃음을 숨기느라 들썩였다. 리처드는 난서의 장난기를 눈치채고 싱긋 웃었다.

"그건 간단하지. 아프리카 말고 다른 지역에서도 호모 에렉투스의 화석이 발견됐으니까."

"윽, 너무 간단하잖아."

"뭐라고?"

당황한 난서는 얼른 다른 질문으로 넘어갔다.

"아, 아무것도 아니에요. 그럼 아프리카 말고 또 어디서 발견됐는데요?"

"1921년 중국 베이징 근처에서 '베이징 원인'이, 1981년 인도네시아 자바섬에서 '자바 원인'이 발견됐지. 자바 원인은 네덜란드 인류학자 외젠 뒤부아가 찾았어. 그는 다윈의 진화론에 감명받아 자바섬에서 호모 에렉투스의 두개골과 허벅지 뼈를 발굴했는데, 그 모습을 처음 보고 '유인원 같은 인간'이라는 뜻의 '피테칸트로푸스 에렉투스'라고 이름 붙였지. 그리고 베이징 원인은 사슴 같은 동물을 사냥해 불에 구워 먹은 흔적도 남겼어."

"와, 그럼 먹는 것도 달라졌다는 거네요? 처음에는 나무 열매나 식물 위주로 먹었다고 했잖아요."

"맞아. 베이징 원인은 사냥과 채집을 하며 살았는데, 특히 불을 다루면서 고기를 익혀 먹기 시작했지. 식물의 뿌리, 줄기, 과일도 여전히 먹었을 거야. 불을 쓰게 되면서 인류의 생활 방식이 완전히 달라졌어.”

“불이 진화에 큰 도움이 된 거네요?”

“그렇지. 인류가 본격적으로 성장하고 다른 지역으로 퍼져 나
간 것도 석기와 불을 사용한 이후라고 볼 수 있거든.”

“좀 더 자세히 말해 주세요.”

난서의 눈이 반짝였다.

“먼저, 불을 피워 추위에도 따뜻하게 지낼 수 있었고, 불빛 덕
분에 밤에도 활동할 수 있었지. 맹수를 쫓아내는 데도 큰 도움이
됐고. 무엇보다 음식을 익히거나 오래 보관할 수 있게 되면서 영
양분을 섭취하기가 쉬워졌어. 그 덕분에 건강해졌지. 익힌 음식
은 소화도 잘되고 세균도 제거되니까. 이런 변화가 몸과 체질에
도 영향을 줬을 거야.

“불을 쓰면서 몸도 바뀌었다고요?”

“응. 음식을 익혀 먹으면 소화가 쉬워서 육식을 더 많이 하게
됐어. 그 결과 소화기관인 장이 짧아졌고, 몸은 점점 길쭉해지면
서 지금 인류의 체형과 가까워졌지.”

난서는 갑자기 되새김질을 하는 소가 떠올랐다.

“그러니까 풀을 먹는 소는 위가 4개나 있지만, 우리는 음식을
불로 익혀 소화 과정이 짧아지니까 장도 짧아지고 몸도 날씬해졌

다는 거네요?"

"정확해."

"작은 변화 하나가 이렇게 많은 변화를 만들다니 놀라워요."

리처드가 미소 지으며 고개를 끄덕였다.

유령클럽을 거쳐 방으로 돌아온 난서는 생각이 많아졌다. 침팬지와 닮았던 고대 인류가 점점 지금의 모습에 가까워진 과정이 신기했다. 스마트폰으로 침팬지 사진을 찾아 한참 들여다보니, 예전보다 훨씬 친근하게 느껴졌다.

난서는 침대에 누워 배꼽 주변에 손을 얹었다. 석기와 불을 쓰기 시작하고, 곧게 서서 걷게 되면서 바뀐 이 몸. 변화의 결과가 바로 자기 몸이라는 사실이 놀랍게 다가왔다.

점점 더 똑똑해지다

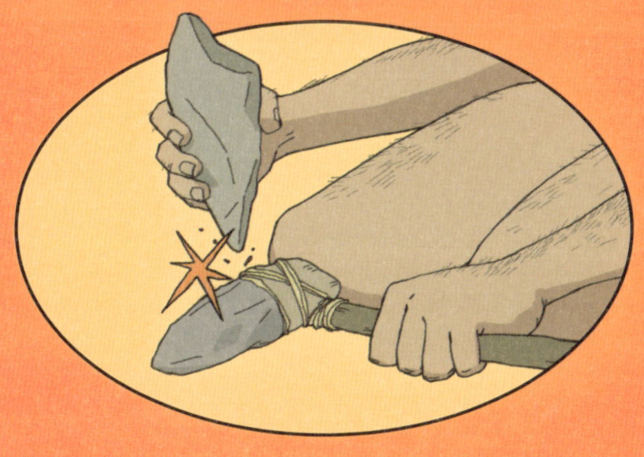

호모 솔로엔시스

호모 솔로엔시스
Homo erectus soloensis

언제?   약 10만~2만 년 전

어디서?   인도네시아 자바섬

신체   큰 뇌, 튼튼한 체격, 낮은 이마, 튀어나온 눈썹 뼈

생활   불 사용, 석기 외에 다양한 도구 활용, 사냥, 채집

의미   호모 에렉투스의 마지막 후손일 수 있음

자바 원인의 후손을 만나다

"오늘은 아프리카 어디로 가요?"

정확히 0시에 유령클럽에 도착한 난서는 리처드를 보자마자 물었다. 옆에 있던 윌마도 눈을 반짝이며 리처드를 바라봤다. 리처드는 잠시 머뭇거리더니 고개를 저었다.

"오늘은 아시아에 갈 거야. 인도네시아 자바섬이 목적지야."

"어? 어제 말한 자바 원인을 만나러 가는 거예요?"

"아니, 자바 원인의 후손들을 만나러 가는 거야."

"오늘은 아프리카가 아니네요. 그럼 나는 오늘 노란 유령 홀에서 유령들이 모이는 큰 행사도 있어서 빠질게요."

그렇게 윌마는 오늘 탐험은 함께하지 않기로 했다. 여섯째 날의 인류 탐험은 난서와 리처드, 단 둘이 떠나는 여정이 되었다.

난서는 최초로 아프리카를 벗어나 긴 여정을 떠났던 호모 에렉투스를 떠올리며 물었다.

"자바 원인도 그렇고, 고대 인류가 아프리카에서 그렇게 먼 곳까지 어떻게 갔을까요? 지금처럼 비행기나 배를 타고 간 것도 아니고… 혹시 말을 타고 간 건가요?"

"말을 길들인 건 불과 1만 년도 안 됐어. 당연히 걸어갔지."

"걸어가다 늙어 죽는 거 아니에요? 그땐 평균 수명도 지금보다 짧았을 텐데."

"지구는 생각보다 작고, 호모 에렉투스는 생각보다 잘 걸었어."

리처드는 허공에 지도를 그리듯 손짓하며 설명을 이어 갔다.

"남극에서 북극까지 직선거리로 2만km 정도야. 보통 성인이 시속 4.8km로 걷는다고 할 때, 하루 종일 쉬지 않고 걸으면 반년 만에 도달할 수 있어. 실제로는 산과 강을 넘고 바다도 건너야 하니까 훨씬 오래 걸리겠지만, 상상만큼 불가능한 일은 아니야.

그리고 고대 인류는 한 번에 이동하지 않았어. 걷다가 살기 좋은 곳이 나타나면 며칠, 몇 십 년, 심지어 몇 천 년 동안 정착했을 수도 있어. 일부는 떠나고 일부는 남고, 그렇게 세대를 이어 천천히 옮겨 간 거지."

난서는 고개를 끄덕였다.

“그렇겠네요. 지도가 있던 시대도 아니고, 어디로 가야 할지도 정해져 있지 않았을 테니까요. 살기에 불편하면 떠나고, 괜찮으면 머물면서 이동했겠네요.”

“그래, 고대 인류는 그렇게 떠돌며 살았어.”

난서의 머릿속에는 무리를 지은 고대 인류가 살기 좋은 곳을 찾아 이리저리 떠도는 모습이 영화처럼 펼쳐졌다. 목숨을 위협하는 맹수, 험준한 산, 넓은 강이 앞을 가로막는 고된 여정이었을 것이다.

“자바섬은 꽤 크다던데, 정확히 어디로 가나요?”

“솔로강으로 갈 거야.”

“솔로라니, 왠지 이름부터 외로운 느낌이네요. 리처드도 오늘은 메리나 루이스 없이 혼자고요.”

“우리 둘이 같이 있는데 왜 솔로야? 하하.”

난서는 스마트폰을 꺼내 ‘솔로강’을 검색했고, 곧 리처드와 함께 그곳으로 향했다. 섬 안쪽 깊숙이 흐르는 솔로강은 이름과 달리 주변에 사람이 제법 살고 있었고, 강폭도 생각보다 넓었다. 물결 위로 햇살이 반짝이며 오늘의 탐험을 응원하는 듯했다.

인도네시아 자바섬의 솔로강

뇌 용량이 커지면 뭐가 좋지?

"1931년, 이 강둑에서 구스타프 하인리히 랄프 폰 쾨니히스발트라는 독일 인류학자가 고대 인류의 화석을 발견했어. 자바 원인을 발견한 건 1891년이니까, 딱 40년 뒤에 또 다른 인류의 흔적을 찾아낸 거지."

난서가 고개를 갸웃하더니 물었다.

"그 화석도 호모 에렉투스인가요?"

리처드는 천천히 설명을 이어 갔다.

"조금 달라. 솔로강 유역에서 발견됐다고 해서 호모 솔로엔시스라고 부르는 인류야. 약 100만 년 전에 자바섬에 도착한 호모 에렉투스의 후손일 가능성이 높지."

난서는 곧장 스마트폰을 꺼내 '호모 솔로엔시스'를 검색했다.

"호모 에렉투스는 200만~10만 년 전까지 살았다고 했잖아요? 그럼 호모 솔로엔시스는 그 이후의 인류네요. 두 인류 사이에 다른 점도 있나요?"

난서는 호기심 가득한 표정으로 고개를 들었다. 리처드는 난서의 기대를 저버리지 않고 막힘없이 답했다.

"여러 가지가 있지만 가장 뚜렷한 건 뇌 용량이야. 호모 솔로엔시스는 1,000~1,250cc 정도였거든."

"뇌 용량이 그렇게 중요한가요?"

호모 솔로엔시스

약 10만~2만 년 전에 살았던 고대 인류. 한때는 호모 에렉투스에서 호모 사피엔스로 진화하는 중간 단계로 생각되거나, 네안데르탈인이 동남아시아로 이주한 흔적으로 여겨지기도 했다. 지금은 호모 에렉투스의 한 갈래로 분류된다.

호모 에렉투스보다 뇌 용량이 큰 호모 솔로엔시스의 두개골

난서가 의아해하며 물었다.

"굉장히 중요하지. 초기 고대 인류의 특징이 직립 보행과 작은 송곳니라고 했잖아? 또 하나 중요한 특징이 바로 뇌 용량이야. 700만 년 전, 고대 인류보다 훨씬 강했던 침팬지나 맹수들을 우리가 지금 동물원에서 보고, 심지어 우주에 탐사선까지 보낼 수 있게 된 것도 결국 뇌 용량, 즉 머리에서 나온 힘 덕분이지."

리처드의 눈빛이 잠시 빛났다. 난서는 놀라움에 눈을 크게 뜨며 물었다.

"그럼 초기 인류와 침팬지의 뇌 용량이 비슷했나요?"

"맞아. 700만 년 전에는 고대 인류와 침팬지 모두 뇌 용량이

390cc 정도였어. 하지만 차이가 생기기 시작했지. 침팬지는 그때와 비교해 거의 변하지 않았지만, 고대 인류는 시간이 지날수록 조금씩 뇌 용량을 키워 왔어.”

리처드는 손가락으로 위쪽을 가리키며 성장 곡선을 그리듯 설명했다. 난서는 고개를 끄덕이며 스마트폰에 메모하기 시작했다. 리처드의 말을 정리하면 다음과 같았다.

난서가 움직이던 손을 멈추고 리처드를 올려다봤다.

인류 이름	뇌 용량	시기
사헬란트로푸스 차덴시스	약 390cc	약 700만 년 전
오스트랄로피테쿠스	약 400~500cc	약 450만~200만 년 전
호모 하빌리스	약 600~850cc	약 250만 년 전
호모 루돌펜시스	약 790cc	약 250만~170만 년 전
호모 에렉투스	약 1,000cc	약 200만~10만 년 전
호모 솔로엔시스	약 1,000~1,250cc	약 10만~2만 년 전
호모 하이델베르겐시스	약 1,100~1,400cc	약 70만~20만 년 전
네안데르탈인	약 1,600~1,700cc	약 40만~4만 년 전
호모 사피엔스	약 1,350cc	약 30만 년 전~현재

고대 인류의 뇌 용량

“그런데 왜 고대 인류는 뇌 용량을 키운 거예요?”

“뇌 용량을 이해하려면 먼저 우리 몸에 대해 알아야 해. 우리가 음식을 먹으면 에너지가 생기잖아? 그 에너지를 간, 근육, 심장 같은 기관들이 사용하는 거야. 자동차는 기름을 넣어야 움직이고, 냉장고는 전기를 꽂아야 작동하는 것처럼 말이지. 그런데 몸에서 특히 많은 에너지를 쓰는 기관이 바로 뇌야.”

“뇌요? 머리를 쓰는 데 그렇게 에너지가 많이 들어가나요?”

“응. 생각하고 기억하고 판단하는 일들이 많으니까. 그래서 공부를 열심히 하면 머리를 많이 써서 금방 배가 고파지는 거야.”

리처드는 잠시 숨을 고르더니 다시 말을 이었다.

“초기 인류는 먹을 게 부족했기 때문에 뇌에 에너지를 충분히 공급하기 어려웠어.”

“그럼 먹을 게 부족한 상황에서 어떻게 뇌가 커질 수 있었던 거예요?”

“좋은 질문이야. 시간이 흐르면서 상황이 달라졌거든. 약 450만 년 후, 인류가 석기와 불을 사용하면서 고기를 먹기 시작했지. 고기는 조금만 먹어도 많은 에너지를 주는 덕분에 에너지에 여유가 생겼고, 그 에너지를 뇌에 투자한 거지.”

난서는 손뼉을 치며 감탄했다.

“아, 그래서 뇌가 커질 수 있었군요!”

“맞아. 뇌에 더 많은 에너지를 공급할 수 있게 되니 점점 더 머리를 많이 쓰게 됐고, 그 과정에서 더 많은 에너지를 얻는 선순환이 시작됐어. 그렇게 뇌 용량이 커졌을 거야.”

뇌가 크다고 무조건 좋은 건 아니야

리처드의 말을 곱씹던 난서는 머릿속에 물음표가 떠올랐다.

“그럼 사자나 호랑이처럼 고기를 많이 먹는 동물들은 왜 뇌 용량이 작아요?”

“그건 그 동물들이 남는 에너지를 뇌가 아니라 사냥에 필요한 것들, 이를테면 날카로운 이빨과 발톱, 빨리 달릴 수 있는 튼튼한 다리에 투자했기 때문이지.”

“아하!”

난서는 두 손바닥을 탁 소리 나게 마주쳤다.

“그러니까 주어진 에너지를 어디에 쓰느냐에 따라 운명이 달라지는 거네요?

에너지를 뇌가 아닌 사냥 능력에 투자하는 맹수들

리처드는 난서가 기특한 듯 빙긋 웃었다.

"맞아. 고대 인류는 현재의 효과보다는 미래를 위해 뇌에 투자한 거지. 그리고 그게 멋지게 성공한 거야."

난서는 잠시 말이 없었다. 고대 인류가 당장의 불리함을 감수하고 직립 보행을 시작했다는 사실, 단기간에 효과가 나타나지 않는 뇌에 에너지를 투자했다는 것이 새삼 대단하게 느껴졌다. 미래를 향한 그 선택이 결국 침팬지와 인류의 운명을 갈라놓았다는 것이 너무나 경이로웠다.

리처드는 난서의 표정을 슬쩍 살피더니, 그 마음을 읽은 듯 나직하게 말했다.

"놀라운 일이었지. 하지만 그 과정에서 수많은 고대 인류가 맹수에게 쫓기고, 때로는 잡아먹히기도 했을 거야. 힘들고 고된 길을 어렵게 견디며 먼 길을 돌아온 거지. 그 덕분에 침팬지는 그때나 지금이나 변한 것이 거의 없지만, 우리는 고대 인류가 상상도 못했던 컴퓨터나 휴대폰 같은 첨단 기술을 사용하며 살아가고 있는 거야."

"그럼 우리가 마지막에 등장한 인류니까 호모 사피엔스의 뇌 용량이 가장 크겠네요?"

리처드는 고개를 가로저었다.

"꼭 그렇지는 않아. 지금까지 발견된 인류 중 뇌 용량이 가장 큰 건 네안데르탈인이야. 무려 1,700cc까지 나왔거든. 호모 사피엔스의 평균은 1,350cc 정도고."

"우아, 1,700cc면 엄청 머리가 좋았겠네요. 늘 배고팠을 것 같기도 하고요. 하하."

난서는 장난스럽게 배를 쓰다듬으며 웃었다. 리처드도 따라 웃으며 덧붙였다.

"흐흐. 재밌는 건, 상대성 이론으로 유명한 과학자 아인슈타인의 뇌 용량은 1,250cc였어. 그러니까 뇌가 크다고 무조건 좋은 건 아니지. 어떻게 잘 활용하느냐가 더 중요해."

두 사람은 강변을 따라 나란히 걸었다. 귓가에는 물결 소리만이 맴돌았고, 난서의 머릿속은 고대 인류의 긴 여정으로 가득했다. 여전히 그들의 삶이 궁금했고, 어떤 일들이 있었는지도 알고 싶었다. 그리고 생각의 끝자락에는 늘 자기 자신이 있었다.

'나는 어떻게 살아야 할까? 앞으로 내게 어떤 일이 일어날까?'

그 질문은 막다른 골목처럼 난서를 기다리고 있었다.

'나는 내 에너지를 어디에 투자해야 할까?'

난서는 결국 그 생각을 리처드에게 털어놓았다.

"네가 하고 싶은 일을 열심히 하면서 살면 되지 않을까? 좋아하는 일을 하다 보면 재미있는 일도 많아질 테고."

리처드는 미소 지으며 말을 이었다.

"이건 내가 유령이 되고 나서야 깨달은 건데, 먼저 자기가 진정으로 좋아하는 일이 뭔지를 찾아내는 게 중요해. 그 일을 잘하게 되면 더 좋은 삶을 살 수 있거든. 좋아하면 더 잘하고 싶어서 애쓰게 되고, 그렇게 노력하다 보면 결국 좋은 일이 더 많이 생길 테니까. 고대 인류도 그렇게 살아왔어."

"좋아하는 일을 잘하는 게 좋다는…."

난서는 방으로 돌아온 뒤에도 얼핏 말장난처럼 들렸던 리처드의 말을 곰곰이 생각했다.

"나는 무엇을 좋아하지?"

그 물음에 곧장 대답할 수는 없었다. 창밖은 난서의 마음처럼 어둠에 잠겨 있었다. 그러나 곧 고대 인류가 오랜 시간 먼 길을 걸어왔다는 사실을 떠올렸다.

'나도 그렇게 천천히 주변을 살피며 걸어가다 보면 좋아하는 걸 만날 수 있지 않을까?'

그런 생각을 하며 난서는 내일의 탐험을 위해 이불을 덮고 눈을 감았다.

인류의 숨겨진 연결 고리

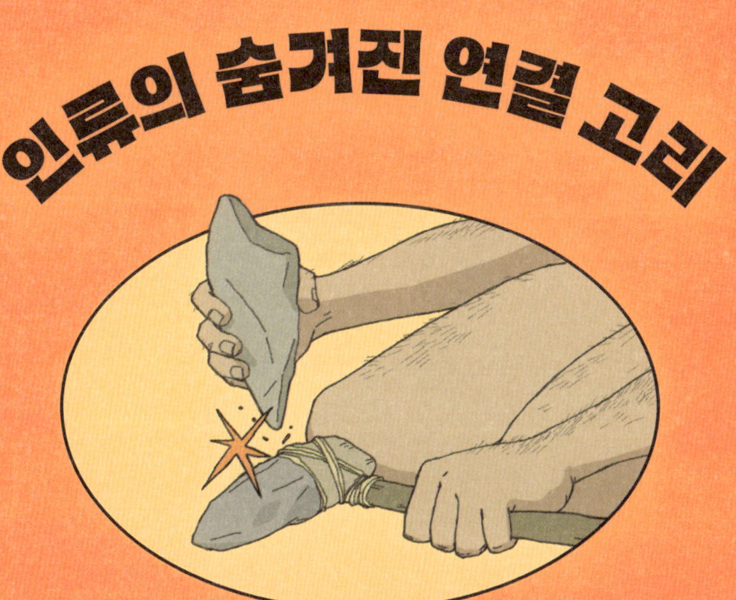

호모 하이델베르겐시스

호모 하이델베르겐시스

Homo heidelbergensis

언제?	약 70만~20만 년
어디서?	아프리카, 유럽, 서아시아
신체	튼튼한 체격, 튀어나온 눈썹 뼈
생활	도구를 능숙하게 사용, 집단 사냥, 주거지를 짓고 협력 생활
의미	네안데르탈인과 호모 사피엔스의 조상

고대 인류 이름은
왜 라틴어일까?

"난서, 안녕!"

유령클럽에 도착하자 윌마가 활짝 웃으며 손을 흔들었다. 난서도 두 손을 흔들며 반갑게 인사를 건넸다.

난서는 전날부터 마음속에 맴돌던 질문을 조심스럽게 꺼냈다.

"윌마는 어릴 때 어른이 되면 어떤 일을 하고 싶었어요?"

윌마는 턱을 괴고 잠시 생각하다가 눈을 반짝였다.

"나? 어릴 땐 친구들이랑 노는 게 제일 좋았고, 어른이 되어서는 먹고살기 바빴지. 아, 맞다. 여행 작가가 되고 싶다는 생각을 잠깐 했던 적이 있어. 세계 곳곳을 다니면서 글을 쓰는 일 말이야. 살아 있을 땐 그 꿈을 이루지 못했는데, 지금 너랑 세계를 돌아다니고 있으니, 유령이 되어서야 꿈을 이룬 셈이네. '유령이 되어 이룬 꿈'이라는 제목으로 책을 내도 재밌겠다. 하하."

난서는 피식 웃으며 말했다.

"크크. 노란 유령 홀에서 강연도 하면 좋을 것 같아요."

그때 갑작스럽게 누군가의 목소리가 들려왔다.

"오늘은 독일로 갈 거야."

"아, 깜짝이야."

난서는 놀라 어깨를 들썩였다. 어느새 나타난 리처드가 두 사람 뒤에 서 있었다. 리처드는 독일 하이델베르크에 고대 인류의 중요한 비밀이 숨어 있다고 했다.

윌마가 장난스럽게 윙크하며 말했다.

"비밀이라면 안 갈 수 없지. 비밀만큼 설레는 게 없잖아?"

세 사람은 하이델베르크 외곽에 있는 마우어라는 지역에 도착했다. 가을빛이 내려앉은 들판 한가운데 서서 리처드가 차분히 이야기를 꺼냈다.

"1907년, 여기서 한 고등학교 선생님이 아래턱뼈를 발견했어. 크고 두꺼운 턱뼈에 치아가 가늘게 줄지어 있었지. 처음에는 호모 에렉투스의 화석인 줄 알았지만, 뇌 용량이 약 1,100~1,400cc로 더 크고 체격도 단단했어. 게다가 '안와상융기'라고 하는 눈썹

매우 크고 튼튼한 호모 하이델베르겐시스의 아래턱뼈 표본

뼈도 두드러졌지. 그래서 다른 인류로 분류해 '호모 하이델베르겐시스'라고 부르게 된 거야."

난서는 스마트폰에서 검색한 호모 하이델베르겐시스의 아래턱뼈 표본 사진을 유심히 들여다보다가 고개를 끄덕였다.

"이름은 처음 발견된 지역의 이름을 따는 경우가 많네요?"

리처드는 엄지를 치켜세우며 말했다.

"맞아. '사람'을 뜻하는 '호모'에 '하이델베르크에서 왔다'는 뜻의 '하이델베르겐시스'를 붙여서 이름 지은 거야."

"그런데 고대 인류 이름은 다 어느 나라 말이에요?"

"라틴어야. 옛날 로마 사람들이 쓰던 언어지."

난서는 놀란 얼굴로 되물었다.

"왜 로마 사람들이 쓰던 말로 이름을 붙이는데요? 로마는 이미 망했잖아요?"

"그게 중요한 포인트야. 식물이나 동물, 고대 인류의 학명을 라틴어로 붙이는 이유는 네 말처럼 로마가 망해서 라틴어가 더 이상 쓰이지 않는 죽은 말이기 때문이지. 말하자면 '유령 언어'라고 할 수 있어."

"네? 유령 언어요?"

난서는 눈을 크게 뜨며 윌마를 바라봤다. 윌마는 어리둥절한 표정으로 고개를 저었다.

"왜 나를 봐? 난 유령이지만 망하진 않았어."

리처드는 웃음을 터뜨렸다.

"우리가 쓰는 말은 시간이 지나면 뜻이 바뀌기도 하잖아. 예전에는 좋은 의미였던 게 부정적인 의미로 변하기도 하고. 그런데 학명이나 이름은 뜻이 변하면 곤란하지. 그래서 의미가 굳어져 변하지 않는 죽은 언어인 라틴어를 쓰는 거야."

난서는 감탄하며 손뼉을 쳤다.

"아하! 왠지 나비나 새를 박제해 두는 것과 비슷하네요."

난서는 문득 '왕'이라는 단어를 떠올렸다. 예전에는 나라의 최고 권력자를 뜻했지만, 지금은 주로 '최고'라는 의미에서 "엄마가 우리 집에서 왕이야" 같은 표현으로 쓰이고 있다. 심지어 영어 '킹(king)'과 합쳐 '킹왕짱'이라는 말도 쓰였다는 게 생각나자 피식 웃음이 났다.

"뭐야? 좋은 일 있어?"

월마가 눈썹을 찡그리며 묻자 난서는 아무것도 아니라며 손사래를 쳤다.

하이델베르크의 비밀

난서는 호모 하이델베르겐시스에 대해 검색한 뒤, 화면을 천천히 내리다가 리처드를 올려다보았다.

"그런데 하이델베르크에 뭔가 비밀이 있다고 했잖아요? 어떤 비밀이에요?"

난서는 마치 숨겨진 보물이 있는 장소를 묻는 듯 목소리를 낮춰 말했다. 리처드는 눈을 가늘게 뜨며 장난스럽게 미소 지었다.

"한번 맞춰 봐."

"음… 혹시 그들이 외계인을 만났나요? 아니면….."

"뭐라고? 하하!"

리처드는 배를 잡고 웃었다.

"정말 엉뚱한데? 그래, 어쩌면 그 무렵에 외계인이 지구에 들렸을 수도 있지. 그건 아무도 모르는 일이니까. 쿡쿡."

웃음을 거둔 리처드는 곧 진지한 표정으로 말을 이었다.

"그 비밀이란 바로 호모 하이델베르겐시스가 현생 인류, 다시 말해 호모 사피엔스의 조상이라는 거야. 네안데르탈인의 조상이기도 하지."

난서는 놀라서 입이 벌어졌다. 처음 들었을 땐 그다지 대단한 비밀 같지 않았다. 그런데 그 의미를 생각할수록 고대 인류가 자신과 가까운 존재처럼 느껴지면서 가슴이 두근거렸다. 인류 탐험을 시작한 이유가 새삼스레 떠올랐다.

"한 가지 궁금한 게 있어요."

"뭔데? 미리 말하지만, 난 외계인에 대해선 잘 몰라."

"하하, 외계인이 왜 나와요? 아까 검색해 보니 호모 하이델베르겐시스가 집을 짓고 여럿이 모여 함께 살았다고 하는데, 그럼 '가족'이라는 개념도 있었을까요?"

리처드는 잠시 말이 없다가 고개를 끄덕였다.

"아마 있었을 거야. 네가 찾는 할머니 같은 사람도 함께 살았을 거고."

'할머니'라는 말이 나오자 난서의 눈이 커졌다.

"그걸 어떻게 알아요? 고대 인류가 할머니랑 살았다는 걸요."

"인간과 동물이 아이를 키우는 방식을 비교해 짐작했지."

리처드는 천천히 걸음을 옮기며 덧붙였다.

"아기 때부터 다르지. 가까운 동물원에라도 가볼까?"

난서는 스마트폰을 꺼내 검색하더니 눈을 반짝였다.

"하이델베르크 동물원이 있네요!"

세 사람은 곧장 동물원으로 향했다. 동물원은 활기가 넘쳤고, 입구 앞에서 윌마는 아이처럼 손뼉을 치며 즐거워했다.

"우아, 동물 냄새! 진짜 신난다."

난서와 리처드는 구석구석을 거닐다가 영장류 사육장 앞에서 멈췄다. 침팬지, 우랑우탄, 고릴라가 나무 사이를 오가며 관람객을 맞이하고 있었다.

난서는 그들을 물끄러미 바라보다가 묘한 기분이 들었다. 약 1,500만 년 전 인류와 조상이 같았던 이 존재들이 지금은 구경거리가 되어 철창 안에 갇혀 있다는 사실이 쓸쓸하게 다가왔다. 오랜 세월 동안 거의 변하지 않은 그들과, 그들을 바라보고 있는 자신이 겹쳐 보였다.

리처드는 난서의 시선을 따라가며 고개를 끄덕였다.

"침팬지와 오랑우탄, 고릴라는 새끼에게 젖을 먹이는 기간이 5년 정도로 사람보다 훨씬 길고, 온전히 혼자 키워. 그러다 보니 양육 방식이 우리와 다르지."

리처드는 사육장 안에서 새끼를 끌어안고 있는 오랑우탄을 가리키며 설명을 이어 갔다.

"대부분의 유인원 암컷은 새끼를 낳은 뒤 약 5년 동안 젖을 먹이고, 독립할 때까지 혼자 키워. 그리고 또 새끼를 낳고, 그렇게 육아를 반복하지."

사람보다 긴 시간 젖을 먹이는 오랑우탄과 그 새끼들

할머니의 존재가
인류를 살렸어

리처드가 철창 너머에 매달린 아기 침팬지를 힐끔 바라보다가 난

서를 향해 물었다.

"너 남동생 있다고 했지? 몇 살 차이야?"

"두 살이요."

"인간을 제외한 대부분의 영장류는 그렇지 않아. 형제끼리 나이 차이가 적어도 5년은 돼. 어미가 혼자 새끼를 돌보느라 또 새끼를 낳을 여유가 없기 때문이지. 그래서 평생 낳는 새끼 수가 고작 6~7마리 정도야.”

난서는 의아해하며 물었다.

“그렇지만 사람은 거의 매년 아이를 낳을 수 있잖아요. 10명 넘게 낳는 경우도 있고요.”

“맞아. 그런데 인간이 아닌 영장류 암컷은 늙어서도 새끼를 낳을 수 있지만, 사람은 어느 나이에 이르면 더 이상 아이를 가질 수 없어.”

“아, 학교에서 배웠어요. 여성에게 폐경이 찾아오고 나면 임신을 하지 못한다고요.”

리처드의 목소리는 차분했지만, 눈빛은 점점 진지해졌다.

“그렇지. 흥미로운 점은 다른 유인원들은 폐경이 없다는 거야. 사람만 폐경을 겪는다는 건, 공동 육아와 관련이 있을지도 몰라.”

그때 어디선가 들뜬 목소리가 들려왔다.

“저쪽에 내가 좋아하는 말이 있어! 같이 가보자!”

윌마가 팔을 휙 저으며 앞장섰다. 난서와 리처드는 잠시 서로를 바라보며 웃더니 그 뒤를 따랐다. 말 사육장 앞에 다다르자 리처드는 말의 갈기를 가리키며 말했다.

"망아지나 송아지는 태어나자마자 걸어. 새는 알에서 나오고 얼마 지나지 않아 하늘을 날 수 있지. 하지만 인간 아기는 걷는 데만 거의 1년이 걸려. 그것도 뒤뚱뒤뚱 말이야.

엄마 혼자서 아이를 돌보는 것이 어렵다 보니, 결국 주변 사람들이 함께 양육에 참여해야 했어. 특히 육아 경험이 풍부한 할머니의 도움이 절실했지. 그래서 인간에게만 폐경이 생긴 건지도 몰라. 이걸 할머니 가설이라고 불러. 정확히 밝혀진 건 아니지만 가능성이 높다고 봐."

난서는 스마트폰에 '할머니 가설'을 검색했다.

"그래서 고대 인류가 할머니와 함께 살았을 것이라고 추정하는 거군요."

리처드는 미소로 답을 대신했다. 잠시 침묵이 흘렀고, 월마가 소곤거리듯 말했다.

할머니 가설

진화생물학에서 제시된 이론으로, 나이가 든 여성(할머니)은 여전히 출산 능력이 있음에도 폐경 이후 아기를 낳지 않는다. 그 대신 손주를 돌보며 육아에 도움을 줌으로써 자신의 유전자를 지닌 후손이 살아남을 가능성을 높이고, 그 유전자가 다음 세대에 널리 퍼질 수 있도록 한다는 내용이다.

"난 어릴 때 할머니가 일찍 세상을 떠나서 마을 사람들이 나를 돌봐 줬어."

리처드는 시선을 멀리 두며 말했다.

"과거에는 여자 혼자서 아이를 키우기가 무척 어려웠어요. 그 래서 가족, 친척, 마을 모두가 아이를 함께 키웠죠. 그중에서도 할 머니의 존재는 특히 중요했고요. 할머니가 육아에 참여하면서 아 이를 더 많이 낳을 수 있게 되었어요. 지금이야 맹수를 동물원에 서 구경하지만, 과거에는 직접 마주해야 했거든요. 원래 약한 존 재였던 인간은 생존을 위해 많은 후손을 남겨야 했던 거예요."

호모 사피엔스와 닮은꼴

리처드의 말에 난서는 고개를 끄덕이며 생각에 잠겼다. 힘이 약 한 동물일수록 후손을 많이 낳는다는 사실은 이미 알고 있었다. 물고기나 새, 개, 돼지 등이 한 번에 여러 마리의 새끼를 낳는 것 도 그런 이유였다.

문득 난서는 가슴속에 작은 의문이 싹텄다.

'요즘 사람들이 아이를 적게 낳는 건 인간이 최상위 포식자가

한 번에 여러 마리의 새끼를 낳는 개

되어서일까?'

등 뒤에서 아이들 웃음소리가 스쳐 지나갔다. 난서는 그 소리에 잠시 주의를 빼앗겼다가 다시 생각을 이어 갔다. 적어도 인류는 지금 80억 명을 넘었으니, 당분간은 종족 보존을 걱정하지 않아도 될 것 같았다.

난서는 호기심 어린 눈빛으로 물었다.

"호모 하이델베르겐시스가 호모 사피엔스의 조상이라고 했잖아요. 그럼 우리와 비슷한 점도 많겠네요?"

"그럼, 아주 많지."

리처드가 빙긋 웃으며 답했다. 곧 설명을 이어 갔다.

"호모 하이델베르겐시스는 뇌 용량이 약 1,100~1,400cc로 우리와 거의 비슷했어. 겉모습도 지금 사람과 크게 다르지 않았지. 남성의 평균 키는 약 180cm에 근육질의 단단한 체형이었을 거야. 머리와 수염을 깔끔하게 다듬고 양복까지 입힌다면 거리에서 봐도 지금 인류와 구분하기 쉽지 않을지도 몰라."

난서는 스마트폰을 꺼내 호모 하이델베르겐시스에 대해 더 찾아보다가, 최근 독일 튀빙겐대학교에서 발표한 연구 내용을 보게 되었다.

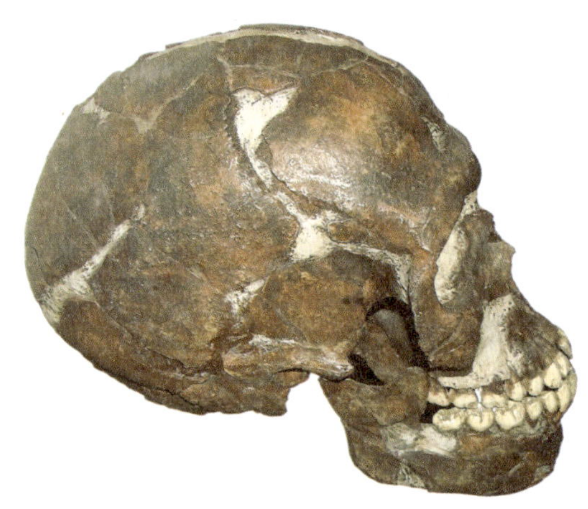

현재 인류와 뇌 용량이 비슷한 호모 하이델베르겐시스의 두개골

2023년, 독일 북서부의 구석기 시대 유적지에서 호모 하이델베르겐시스의 것으로 보이는 발자국 3개가 발견되었다. 성인 발자국 1개, 아이들 발자국 2개로 구성되어, 이를 통해 그들이 가족을 이루고 살았음을 알 수 있다. 또한 얕은 호수나 강가에서 머물며 살았던 것으로 보인다.

탐험을 마치고 방으로 돌아온 난서는 창가에 멍하니 앉아 있었다. 어둑한 방 안, 불빛이 부드럽게 번져 나가는 가운데 다정했던 할머니의 모습이 눈앞에 아른거렸다.

'할머니 가설'에 따르면 손주를 돌보는 행위가 유전자를 퍼뜨리기 위한 전략이라고 한다. 하지만 난서는 그렇게 생각하지 않았다. 할머니는 유전자가 아니라, 함께 나누고 배려하는 따뜻한 마음으로 자신을 돌봐 준 것이라고 믿었다. 그 순간, 난서는 어느 때보다 할머니가 보고 싶었다.

거대한 뇌, 놀라운 생존력

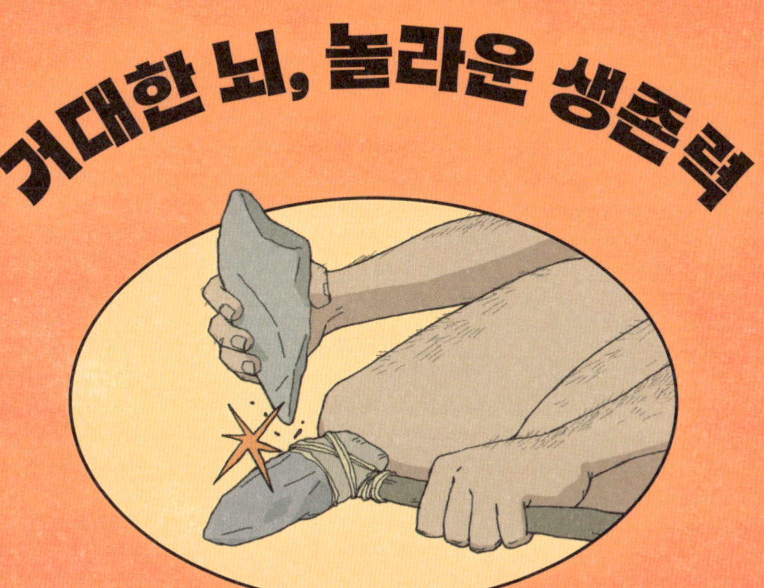

네안데르탈인

네안데르탈인

Homo neanderthalensis

언제?	약 40만~4만 년 전
어디서?	유럽, 서아시아
신체	추위 적응을 위한 단단한 체격, 비타민D를 얻기 위한 밝은 피부, 고대 인류 중 가장 큰 뇌
생활	집단 생활, 사냥, 장례 풍습, 언어 사용 가능성
의미	호모 사피엔스와 공존하며 일부 유전자를 현생 인류에 남김

'네안데르탈인' 이름의 비밀

난서는 여느 때처럼 기대감을 안고 유령클럽에 입장했다. 고대 인류와의 만남은 늘 설렘을 안겨 주었다. 새로운 사실을 알게 될 때마다 자신을 더 깊이 이해하는 기분이 들었다.

벌써 인류 탐험을 시작한 지 여덟째 날이었다. 누구보다 리처드에게 고마운 마음이 들었다. 세계 곳곳을 누비며 자신이 던지는 질문마다 친절히 답해 주는 그의 모습이 든든했다.

"리처드, 고마워요!"

리처드가 눈썹을 살짝 치켜올리며 웃었다.

"갑자기 왜 그래? 혹시 뭐 바라는 게 있는 거 아니지?"

"너무 친절한 유령이라서요."

"호호, 내가 좀 친절하긴 하지."

난서는 웃음을 터뜨렸고, 옆에서 지켜보던 윌마는 기대에 찬 눈빛으로 물었다.

"오늘은 누구를 만나러 가요?"

리처드가 능청스럽게 답했다.

"호모 네안데르탈렌시스. 우리가 흔히 '네안데르탈인'이라고 부르는 고대 인류예요. 독일에서 처음 발견됐죠."

난서는 자연스럽게 질문을 이어 갔다.

"독일 어디에서요?"

"뒤셀도르프 근처의 네안데르 계곡이라는 곳이야. 거기서 화석이 처음 발견되면서 이름이 붙었지. 네안데르 계곡을 독일어로는 '네안데르탈'이라고 부르는데, '탈(tal)'이 계곡이란 뜻이거든."

리처드의 설명이 끝나자마자 윌마가 손을 번쩍 들며 장난스럽

호모 네안데르탈렌시스

호모 사피엔스와 가까운 시기에 유럽과 서아시아에 살았던 고대 인류. 약 40만~4만 년 전까지 존재했으며, 추운 환경에 적응해 튼튼한 체격과 넓은 코를 가지고 있었다. 이들은 동굴에 살면서 사냥과 채집을 했고, 도구를 만들고 불을 사용했으며, 죽은 이를 돌보는 등 사회적 행동도 했던 것으로 알려진다.

게 말했다.

"그러니까 이름의 비밀은 결국 지명이네요? 그럼 다음엔 제 이름도 붙여 줘요. '호모 윌마렌시스' 어때요?"

리처드가 호탕하게 웃었다.

"하하하! 윌마가 화석으로 발견된다면 그때 생각해 볼게요."

"그럼 오늘도 독일로 가야겠네요? 네안데르 계곡을 검색하면 되죠?"

옆에서 함께 킥킥거리던 난서가 기대에 찬 표정으로 물었다.

"아니, 오늘은 그보다 먼저 독일 라이프치히로 가야 해."

"라이프치히요?"

"응. 거기에 막스 플랑크 진화인류학 연구소가 있거든. 네안데르탈인 연구로 세계적으로 유명한 곳이지."

이번에는 고대 인류 화석이 발견된 장소가 아니라, 현시점에서 과거를 연구하는 현장으로 향하게 된 것이다. 난서는 리처드가 알려 준 연구소를 스마트폰에 검색하며 벌써부터 가슴이 뛰기 시작했다.

대가족으로 살아간 인류

막스 플랑크 진화인류학 연구소에 도착하자, 리처드가 건물을 가리키며 말했다.

"여기서 꼭 기억해야 할 사람이 있어. 바로 스반테 페보야."

난서는 리처드의 말에 고개를 갸웃했다.

"그게 누구예요?"

"스웨덴의 유전학자인데, 네안데르탈인의 DNA를 분석해 냈어. 2022년에 노벨 생리의학상도 받았지."

"와, 진짜 대단한 분이네요. 혹시 지금 이 안에 계세요?"

"있을 수도 있겠지만… 우리가 유령이라 알아보진 못하겠지?

리처드가 장난스럽게 눈을 찡긋했다.

"아, 맞다. 사람들 눈에 우리가 안 보인다는 걸 깜빡했어요."

난서는 입을 삐죽 내밀었다.

"그래도 이 연구에서 밝혀낸 사실만으로도 정말 흥미로워. 네안데르탈인의 가족 관계에 대한 연구, 들어 볼래?"

"네! 궁금해요."

난서와 윌마는 눈을 반짝이며 리처드의 이야기에 귀 기울였다.

"시베리아 남부 알타이산맥 근처에 있는 차기르스카야 동굴과

오클라드니코프 동굴에서 13명의 네안데르탈인 화석이 발견됐어. 스반테 페보 연구팀이 그 유골에서 얻은 DNA와 미토콘드리아 DNA를 분석했지. 이걸로 밝혀낸 결과가 놀라워."

"뭔가 대단한 사실이 밝혀졌나요?"

"아주 놀라웠지. 그 유골들 중에는 아버지와 10대 딸이 있었고, 또 아들과 사촌, 고모, 심지어 할머니도 있었대."

난서는 두 손으로 입을 가렸다.

"할머니까지요? 그럼 네안데르탈인이 대가족으로 살았다는 말인가요?

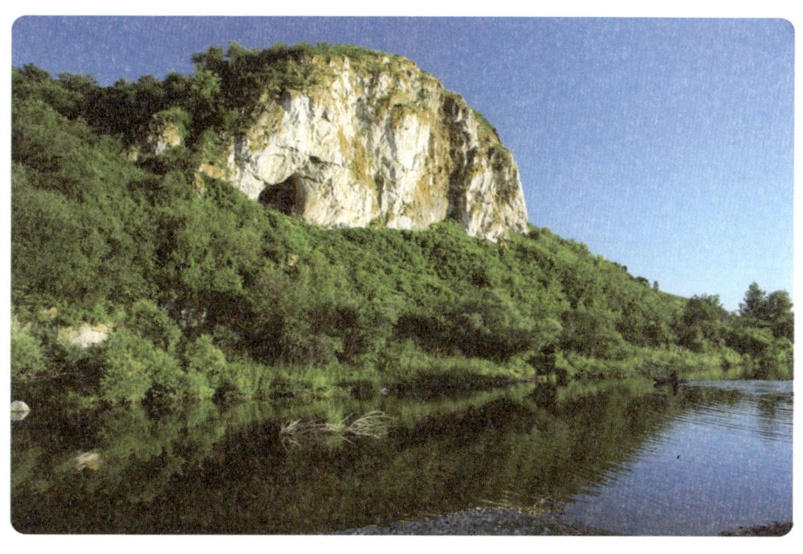

네안데르탈인의 화석이 발견된 시베리아의 차기르스카야 동굴

“맞아. 남자가 7명, 여자가 6명이었어. 어른은 8명이고, 아이와 청소년이 5명이었지. 이건 단순한 무리가 아니라, 진짜 가족이었을 가능성이 높아.”

“와… 갑자기 네안데르탈인이 엄청 가깝게 느껴져요.”

난서는 잠시 멍했다. 문득 할머니의 따뜻한 손길이 떠올랐기 때문이다.

“우리처럼 할머니도 함께 살았다는 말이죠? 할머니를 포함한 대가족이라니, 정말 대단해요.”

“맞아, 정말 놀라운 연구야. 이제 다음 장소로 가볼까?”

곰 머리뼈인 줄 알았는데

난서와 리처드, 그리고 윌마는 연구소를 나와 곧장 네안데르 계곡으로 향했다. 초록빛으로 물든 계곡 길을 지나자, 네안데르탈인 박물관이 눈앞에 나타났다.

입구에 붙어 있는 안내문을 읽던 난서가 손가락으로 글씨를 짚으며 물었다.

“여기서 처음 발견된 건 머리뼈였네요?”

"응. 1856년에 석공들이 작업을 하다가 머리뼈 하나를 발견했는데, 이마가 불룩 튀어나온 모습이었대. 그때 사람들은 그걸 곰의 머리뼈라고 생각했어. 사람 뼈일 거라고는 상상도 못했지."

리처드의 설명을 듣던 윌마가 고개를 갸웃하며 물었다.

"왜 그렇게 착각한 거죠?"

"당시는 신이 인간을 만들었다는 창조론을 모두가 당연하게 믿은 시대였기 때문이에요. 인간이 진화했다는 개념 자체가 없었죠. 그러니 이 낯선 머리뼈가 사람 것일 리 없다고 생각했어요."

이번에는 난서가 물었다.

"그럼 진화론을 다룬 다윈의 《종의 기원》은 그 이후에 나온 건가요?"

"맞아. 이 화석이 발견되고 3년 뒤인 1859년에 출간됐지. 그래서 처음에는 이 발견이 묻힐 수밖에 없었어. DNA 분석 기술도 없던 때고."

"처음엔 세기의 발견이 아니라, '곰 해프닝'이었던 거네요."

리처드가 웃으며 답했다.

"하하. 그래, 곰 해프닝이었지. 하지만 지금은 인류 진화를 보여 주는 중요한 증거 중 하나로 여겨지지."

난서와 윌마는 서로를 바라보며 석공들의 표정을 흉내 냈다.

두 사람이 "곰이다!", "이마가 너무 튀어나왔어!" 하며 까르르 웃
자, 정적이 흐르던 박물관에 웃음소리가 작게 퍼졌다.

인류는 어떻게
멸종하지 않았을까?

리처드가 진지한 표정으로 난서에게 물었다.

"지금까지 여러 고대 인류를 만나 봤는데, 인류가 멸종하지 않
고 오늘날까지 진화해 온 가장 큰 비결은 뭐라고 생각해?"

난서는 팔짱을 끼고 잠시 고민했다.

"글쎄요, 뇌 크기를 키운 것? 두 발로 서서 걷게 된 것?"

"물론 그것들도 중요하지. 그런데 그보다 더 중요한 게 있어."

"뇌도 아니고 걷는 것도 아니라면… 잘 모르겠어요. 뭔데요?"

리처드는 빙긋 웃으며 난서와 월마의 손을 잡았다. 그리고 어
리둥절한 표정을 짓는 두 사람을 바라보며 조용히 말했다.

"바로 우리들이야."

"네? 설마 유령이 인류 진화의 비밀인 건 아니겠죠? 물론 저는
유령이 아니지만요."

“내 말은, 우리가 함께하고 있잖아. 아까 난서 네가 나한테 고맙다고 했지? 그 함께하는 마음과 서로를 향한 고마움, 배려, 그런 것들이 바로 인류 진화의 핵심이야.”

난서는 고개를 갸웃하며 중얼거렸다.

“가족처럼 서로 마음을 나누는 건 당연한 일 아닌가요? 그게 인류 진화와 무슨 관계가 있죠?”

“모든 동물들 가운데 생존에 꼭 필요한 먹을 것을 아무 대가 없이 나눠 주는 건 오직 인간뿐이야. 침팬지와 원숭이도 음식을 나누기는 하지만, 그건 대부분 동맹을 위해서거나 자기 이익을 위해서야. 나눠 준다고 해도 아주 작은 것만 주지. 하하.”

리처드의 말에 따르면 고대 인류가 걷기 시작하면서 손을 자유롭게 사용할 수 있게 되었고, 사냥이나 채집으로 구한 음식을 가족에게 나눠 줬을 것이라고 한다. 그렇게 음식을 나누고, 서로 돕고 함께 살아가면서 인류는 생존을 넘어 진화의 길을 걸어간 것이다.

“연구소에서 조사했던 네안데르탈인 가족이 그렇게 살았던 거네요?”

난서는 눈을 반짝이며 물었다.

“맞아. 네안데르탈인의 화석에서 부러진 다리를 치료받은 흔적이 발견되었어. 무리에서 누군가 다쳤을 때, 그들은 음식을 구하지 못해 굶어 죽을 수 있는 상황에서 배려와 애정을 가지고 그 사람을 돌봐 주고 치료해 준 거지.”

“서로 돕고 살았다는 이야기네요?”

“그래, 그래서 그 부러진 다리뼈는 가장 아름다운 고대 인류 화석이기도 해.”

리처드는 난서에게 물었다.

“힘이 아주 센 맹수들이 싸우면 누가 이길까?”

“음, 그중에서 가장 센 놈이 이기겠죠?”

난서는 당연하다는 듯 대답했다.

“맞아. 그런데 사실 맹수들도 웬만하면 싸움을 피해.”

“왜요? 이기면 되는 거 아닌가요?”

리처드가 고개를 저었다.

“설령 이겨도 다리 하나라도 다치면 끝이야. 사냥을 못해서 굶어 죽을 수 있거든”

“아… 굳이 싸우지 않는 거네요.”

“그렇지. 새끼가 위협받는 게 아니라면 싸움은 피하고, 작은 동물을 잡을 때도 온 힘을 다해서 사냥해. 다치는 순간 목숨이 위태로워지니까. 그게 바로 정글의 법칙, 생존의 법칙이야. 그런데 고대 인류는 그 법칙을 뛰어넘는 존재들이었어.”

난서는 가슴이 뭉클해졌다. 자신이 힘들게 구한 음식을 기꺼이 나누고, 병든 가족을 보살피는 모습은 리처드의 말처럼 너무나 아름답고 감동적이었다.

“함께 살아간다는 생각이 인류를 오늘날에 이르게 한 거야. 그 마음은 죽은 다음에도 계속됐고 말이야.”

“네? 죽은 다음에도요? 설마 그때도 유령이 있어서 우리처럼 여행하고 그랬다는 뜻은 아니겠죠?”

“하하, 그럴 리가. 네안데르탈인의 무덤에서 꽃가루가 발견된 적이 있어. 물론 바람을 타고 날아온 걸 수도 있지만, 어쩌면 지금처럼 죽은 사람을 위해 꽃을 바쳤을지도 몰라. 살아 있는 동안뿐만 아니라 죽은 뒤에도 서로를 기억하며 살아갔을지도 모르지.”

난서는 마음이 숙연해졌다. 죽은 이들을 애도했던 네안데르탈인의 모습을 떠올리며, 그동안 당연하게 여겼던 ‘서로 돕고, 배려하고, 기억하는 것’이 사실 너무도 위대한 일임을 새삼 깨달았다.

우리에게 남겨진 네안데르탈인의 흔적

난서가 리처드에게 물었다.

"네안데르탈인은 호모 사피엔스와 달리 이미 멸종한 인류잖아요. 그들의 생각이나 행동이 지금까지 전해졌다는 걸 어떻게 알 수 있죠?"

"점점 질문이 날카로워지는데? 하하, 결론부터 말하자면 증거가 있어."

"혹시 그 증거라는 게 DNA 같은 건가요?"

리처드가 순간 놀란 표정을 지으며 난서를 바라보았다.

"정답이야. 유령같이 맞혔네. 그 증거가 바로 DNA야."

"유령은 리처드잖아요? 크크."

"네안데르탈인은 오늘날 우리 몸속에 살아 있어."

"정말요? 어떻게요?"

리처드는 설명을 이어 갔다.

"네안데르탈인은 호모 사피엔스와 서로 섞여 살았어. 그래서 오늘날에도 사람들 몸속에 네안데르탈인의 유전자가 남아 있지. 스반테 페보의 연구에 따르면 현대 인구의 최대 4퍼센트까지 가지고 있을 수 있다고 해.”

“그럼 네안데르탈인과 호모 사피엔스가 가족처럼 살았다는 뜻이에요?”

난서가 되묻자 리처드는 고개를 가볍게 저었다.

“그건 확실하지 않아. 하지만 호모 사피엔스 여성이 네안데르탈인 남성과 어울렸고, 그 유전자가 후손에게 전달된 건 분명해.”

“으음… 호모 사피엔스가 더 나중에 나타났는데 왜 굳이 네안데르탈인의 유전자를 받아야 했을까요?”

“나중에 나타났다고 해서 무조건 더 뛰어난 건 아니야. 공부를 잘한다고 꼭 훌륭한 사람은 아니잖아? 중요한 건 과거의 좋은 점을 받아들이고 발전시키는 거야. 학교에 다니고 책을 읽는 이유도 바로 그 때문이지.”

“윽, 갑자기 선생님 같아요.”

그때 윌마가 리처드의 어깨를 툭 치며 끼어들었다.

“맞아, 완전 유령 선생님이 다 됐다니까요.”

“리처드는 정말 훌륭한 유령 선생님이에요!”

난서의 말에 리처드는 쑥스러운 듯 표정을 숨겼다.

“근데 우리 몸에 네안데르탈인의 어떤 유전자가 남아 있는 거예요?”

"좋은 질문이야."

리처드가 엄지손가락을 들어 올리며 말을 이어 갔다.

"난서, 고대 인류가 어디에서 처음 나타났다고 했지?"

"아프리카요. 루이스가 증명했잖아요."

"그렇다면 피부색은 어땠을까?"

난서는 아프리카 출신으로 피부색이 짙은 윌마를 바라봤다. 윌마는 장난스럽게 자기 얼굴을 손가락으로 가리켰다.

"당연히 어두웠겠죠. 아프리카에서 나왔으니까요."

"맞아. 그런데 사람들의 피부색은 다양하잖아. 유럽인은 백인, 아시아인은 황인, 아프리카인은 흑인, 그 차이가 왜 생겼을까?"

난서가 조심스레 답했다.

"환경… 때문인가요?"

"정확해. 비타민D를 합성하려면 자외선이 필요한데, 지역마다 환경이 다르잖아. 아프리카처럼 햇빛이 강한 곳에선 피부가 짙어야 보호가 되고, 유럽처럼 햇빛이 약한 곳에선 피부가 하얘야 비타민D를 더 잘 얻을 수 있지."

윌마가 곧바로 말을 받았다.

"그럼 피부색은 단순히 환경 때문이라는 거네요? 그런데 역사를 보면 백인들이 피부가 희다는 이유로 자기들이 더 우월한 존재라고 생각했잖아요. 사는 곳이 달라서 생긴 차이일 뿐인데."

리처드가 무겁게 고개를 끄덕였다.

"맞아요. 그걸 백인 우월주의라고 하죠. 유전자 연구로 보면 완전히 근거 없는 주장이라는 게 이미 밝혀졌어요.

월마가 씁쓸하게 말했다.

"그런데도 여전히 피부색으로 차별하는 사람들이 있잖아?"

"그런 차별은 정말 어리석고 미개한 행동이에요."

리처드의 목소리는 단호했다.

"내가 살아 있을 때, 그런 차별을 직접 겪었어요."

리처드는 자신이 한 일도 아닌데 미안해하며 연신 사과했다.

잠시 정적이 흘렀다. 난서는 생각에 잠겼다.

'네안데르탈인도 서로를 도우며 살았는데, 오늘날 사람들은 자신과 다르다고 해서 왜 차별을 하는 걸까?'

리처드가 조용히 입을 열었다.

백인 우월주의

백인이 다른 인종보다 선천적으로 우수하다고 여기는 잘못된 인종 관념. 때로는 정치적·사회적으로 백인이 지배하는 국가나 사회의 이념으로 나타나기도 한다.

"네안데르탈인은 빙하기 때 유럽과 서아시아에서 주로 살았어. 그때는 햇빛이 약했기 때문에 비타민D를 얻기 위해 밝은 피부와 머리카락을 갖게 되었을 가능성이 커. 그 유전자가 훗날 호모 사피엔스에게도 전해진 거고."

난서는 곧 스마트폰에서 관련한 연구를 다룬 기사를 찾아냈다.

미국 스탠퍼드대학교의 과학자들은 최근 현생 인류가 네안데르탈인으로부터 바이러스와 싸울 수 있는 면역력을 물려받았다는 사실을 밝혀냈다. 네안데르탈인은 약 5만 년 전, 인간의 조상과 이종 교배를 하면서 바이러스성 질환에 대한 유전적 면역 능력을 현대 인류에게 전해 준 것으로 드러났다.

"리처드, 이 기사 좀 봐요. 우리가 네안데르탈인한테서 면역력도 물려받았대요!"

리처드는 고개를 끄덕이며 말했다.

"그래. 호모 사피엔스가 아프리카에서 유라시아로 왔을 때, 처음 마주한 치명적인 바이러스에 면역력이 없었어. 하지만 네안데르탈인과 어울리며 그들의 면역 유전자를 받아서 생존할 수 있었을 거야.

예전에는 호모 사피엔스가 네안데르탈인을 다 죽였을 거라고 추측했어. 하지만 최근 유전자 연구에 따르면, 함께 살아가면서 서로 필요한 걸 주고받았다는 사실이 밝혀지고 있어."

이야기에 집중하던 난서가 물었다.

"그럼 왜 네안데르탈인은 멸종한 거예요?"

"평화로운 마을에도 다툼이 있듯 두 인류는 싸우기도 했겠지. 하지만 멸종의 결정적 원인은 아마 생존 전략의 차이였을 거야. 호모 사피엔스는 유연하고 빠르게 환경에 적응했지만, 네안데르탈인은 그렇지 못했어."

리처드는 이어서 그들의 삶을 묘사했다.

"네안데르탈인은 정교한 석기를 만들고 간단한 옷을 지어 입었어. 불을 이용해 다양한 재료로 요리를 하고 음식을 저장하기도 했지. 게다가 고대 인류 가운데 뇌 용량이 가장 컸어. 아마 그림을 그리거나 기호와 말을 이용해 생각을 표현하는 등 상징적으로 사고하는 능력도 뛰어났을 거야. 예술적 능력도 마찬가지고."

설명을 마친 리처드는 낮은 목소리로 중얼거렸다.

"난 늘 궁금해. 네안데르탈인은 왜 그렇게 뇌를 키웠을까…."

탐험을 끝내고 방으로 돌아온 난서는 리처드의 마지막 말을 곱씹었다.

고대 인류 가운데 가장 뇌가 큰 네안데르탈인의 두개골

'네안데르탈인은 왜 뇌의 크기를 키웠을까?'

난서는 인터넷 창에 '뇌'를 검색했다. 뇌란 우리 몸의 중추신경계를 관장하는 기관으로, 움직임과 행동을 조절하고 신체의 균형을 유지하며 인지·감정·기억·학습 같은 정신 활동을 담당한다는 설명이 나왔다.

난서는 눈을 감고 생각했다.

'뇌가 몸과 정신을 다스린다면, 네안데르탈인은 두 가지 모두 발전시켜야 했던 걸까? 어쩌면 그 큰 뇌에는 살아가며 겪은 기억이 하나도 빠짐없이 담겨 있었을지도 몰라.'

그 생각은 곧 자신의 바람으로 이어졌다.

'나도 가족들과의 기억, 무엇보다 할머니와의 추억만큼은 절대

잊고 싶지 않아.'

그날 밤 난서는 오래도록 추억 속에 잠겨 있었다.

아시아를 누빈 인류의 정체

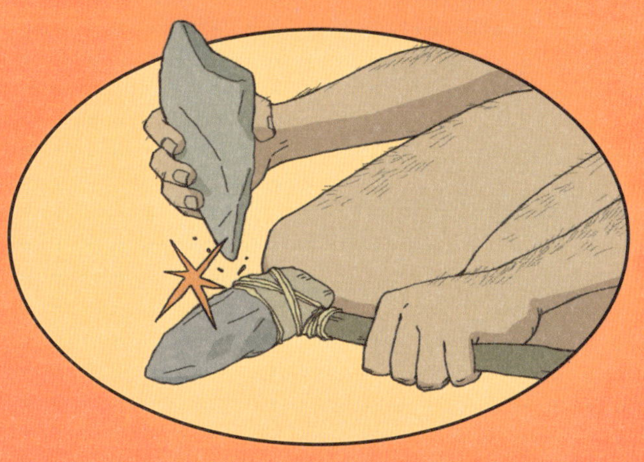

데니소바인

데니소바인

Homo denisova

언제?	약 30만~2만 5,000년 전
어디서?	중앙·동·동남아시아
신체	크고 튼튼한 치아, 체형은 네안데르탈인과 비슷
생활	고산 지대 적응, 다른 인류와도 교배
의미	DNA로 알려진 신비로운 인류

한 동굴에서 만난 세 인류

난서는 스마트폰에 저장된 가족 여행 사진을 뒤적였다. 할머니가 도시보다 자연을 좋아해서 사진 속 배경은 바다와 산이 대부분이었다. 한참 사진을 보다가 어느새 0시가 조금 지나 있음을 깨닫고 허겁지겁 유령클럽으로 향했다.

유령클럽에 도착하니 윌마와 리처드가 마주 앉아 차를 마시고 있었다. 난서는 그들 가까이로 다가갔다.

"무슨 이야기를 그렇게 재미있게 하고 있어요?"

"인간이란 무엇인가에 대해 이야기하고 있었어. 크크."

난서는 리처드의 대답에 피식 웃음이 나왔다.

"뭐라고요? 유령도 인간인가요?"

윌마도 덩달아 웃으며 고개를 갸웃했다. 리처드는 영화 속 좀

비와 유령을 예로 들며 설명했다.

"좀비는 몸만 남아 있고, 유령은 정신만 남아 있잖아. 어떻게 보면 그것도 인간의 또 다른 모습이지 않을까?"

"뭔가 이상한데…."

난서는 정확히 뭐가 이상하다고 설명하기 어려워 머리만 긁적였다.

"물론 좀비나 유령을 인간이라고 하면 대부분 비웃겠지. 하지만 가끔 나도 내가 인간인지 유령인지 헷갈린다니까."

"그래도 지금처럼 대화도 하고 차도 마시잖아요? 사람처럼요."

윌마가 장난스럽게 덧붙이자 셋은 잠시 웃음바다가 되었다. 곧이어 난서가 리처드에게 물었다.

"지구에는 계속 한 종류의 인류만 살았나요?"

"아니. 어제 호모 사피엔스가 네안데르탈인의 유전자를 물려받았다고 이야기했잖아. 그게 바로 두 인류가 같은 시대에 살았다는 증거야."

"맞아요! 그럼 두 인류가 동시에 살았던 거네요."

"약 10만 년 전에는 호모 사피엔스와 네안데르탈인뿐 아니라 데니소바인과 호모 솔로엔시스도 살았어. 어쩌면 어딘가에 호모 에렉투스도 남아 있었을지도 모르고. 화석이 발견되지 않았다고 해서 완전히 사라졌다고 할 수는 없으니까.”

난서는 눈을 크게 뜨며 물었다.

“그럼 서로 마주쳤을 수도 있었겠네요?”

“물론이지. 만나기도 했고, 심지어 아이도 낳았어.”

난서는 곧장 스마트폰을 꺼내 검색했다. 관련 정보를 찾다가 기사 하나가 눈에 띄었다.

“여기요! 〈네이처〉라는 과학 잡지에 실렸대요. 러시아 알타이 산맥에 있는 데니소바 동굴에는 약 43만 년 전부터 네안데르탈 인이 살았고, 약 2~3만 년 전까진 데니소바인도 가끔 살았대요.”

리처드가 고개를 끄덕였다.

“그래, 그뿐만 아니라 네안데르탈인과 데니소바인 사이에서 아 이가 태어났다는 것도 중요한 발견이야. 나중에는 호모 사피엔스 의 유물도 나왔어. 그러니까 같은 동굴에 세 인류가 차례로 살았 던 거지.”

난서는 다시 기사를 읽어 내려갔다.

“여기 써 있어요. 약 13만 년 전, 네안데르탈인 어머니와 데니 소바인 아버지 사이에서 아이가 태어났대요. 그리고 2~3만 년 전쯤엔 데니소바인이 완전히 사라지고 호모 사피엔스의 흔적이 발견됐고요.”

리처드가 미소 지으며 말했다.

"바로 그거야. 한 동굴에 세 인류가 모여 있었던 거지. 상상만 해도 흥미롭지 않니?"

손가락뼈가 남긴 미스터리

"오늘은 그곳으로 가요. 데니소바인이 발견된 동굴이요!"

난서의 말과 함께 세 사람은 데니소바인의 흔적이 발견된 러시아의 알타이산맥에 있는 데니소바 동굴로 곧장 이동했다.

동굴은 절벽 아래에 있었고, 입구에는 동굴로 올라가는 나무 계단이 놓여 있었다. 이들은 계단을 올라 동굴 안으로 들어갔다.

난서가 어두컴컴한 동굴 안을 들여다보며 중얼거렸다.

"와, 생각보다 깊다."

"여기서 진짜 인류 화석이 발견된 거야?"

월마의 말에 리처드는 고개를 끄덕였다. 난서는 스마트폰을 켜고 자료를 불러왔다.

2008년 7월, 데니소바 동굴에서 약 4만 1,000년 전에 살았던 고대 인류의 손가락뼈와 어금니 화석이 발견되었다. 그런데 화석이 너무 작아 생김새를 파악하기 어려웠다. DNA 분석 결과, 그것은 호모 사피엔스도 네안데르탈인도 아닌 전혀 다른 인류의 화석으로 밝혀졌다.

난서가 고개를 들며 말했다.

"아하, 데니소바 동굴에서 발견됐다고 해서 '데니소바인'이라고 부르게 된 거네요? 그럼 데니소바인과 네안데르탈인은 어떻게 다른가요?"

러시아 알타이산맥에 있는 데니소바 동굴

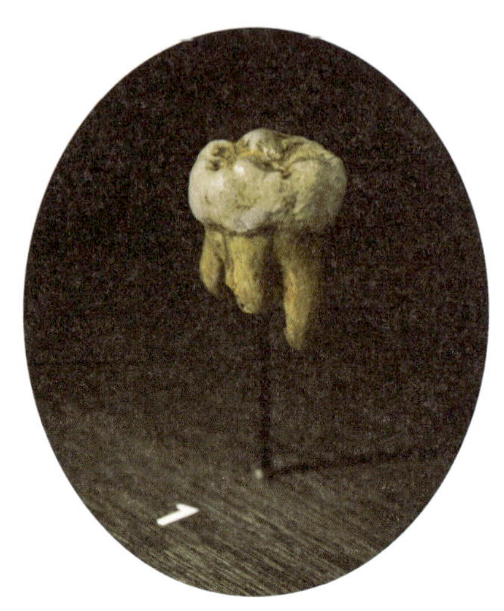

데니소바 동굴에서 발견된 데니소바인의 어금니 화석

"그건 내가 설명하기보단 직접 찾아보는 게 더 흥미로울 거야."

리처드의 말에 난서는 다시 검색을 시작했다. 곧 한 기사를 발견하고 큰 소리로 읽었다.

2019년, 이스라엘 히브리대학교에서는 DNA를 바탕으로 데니소바인의 얼굴을 복원했다. 연구 결과에 따르면 데니소바인은 네안데르탈인보다 얼굴이 더 넓고, 치열이 매우 길며 치아 사이 간격도 넓었을 것으로 보인다. 다만 골반뼈는 네안데르탈인처럼 넓어서 걷는 방식은 비슷했을 것으로 추정된다.

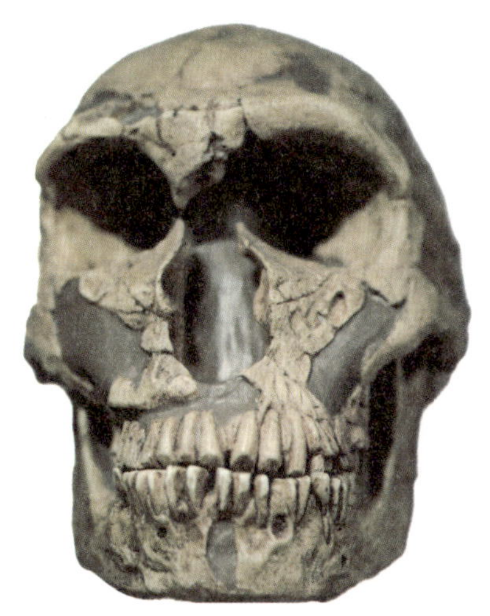

네안데르탈인과 다르게 생긴 데니소바인의 두개골

리처드가 고개를 끄덕이며 덧붙였다.

"처음에는 네안데르탈인과 비슷할 거라고 생각했는데, 연구가 진행될수록 전혀 다르다는 사실이 드러난 거지."

난서는 기사 속 다른 문장을 이어서 읽었다.

데니소바인의 DNA는 호모 사피엔스보다 네안데르탈인과 더 가까운 만큼 실제 모습도 네안데르탈인과 더 닮았을 것으로 추정했다. 하지만 실제로는 네안데르탈인과 호모 사피엔스 어느 쪽과도 닮지 않는 것으로 밝혀졌다.

"그럼 데니소바인은 완전히 별개의 인류라는 말인가요? 설마 우주에서 날아온 건 아닐 테고… 어디서 온 거죠?"

리처드가 웃으며 손사래를 쳤다.

"난서, 지금까지 우리가 살펴본 고대 인류의 흔적을 떠올려 봐. 갑자기 하늘에서 뚝 떨어지는 일은 없었잖아. 연구에 따르면 데니소바인은 네안데르탈인이나 호모 사피엔스에서 갈라져 나온 인류로 추정돼. 정확한 시점은 알 수 없지만, 수십만 년 동안 서로 다른 환경에서 살다 보니 각기 다른 특징을 지니게 된 거라고 볼 수 있지."

난서는 리처드의 말을 곱씹었다.

"그럼 이들은 어디서 어디까지 퍼져 살았을까요?"

"데니소바인은 알타이산맥뿐 아니라 티베트고원, 인도차이나 반도 등 넓은 지역에서 살았던 것으로 보여. 예를 들어, 1980년대 태국의 어느 동굴에서 발견된 약 16만 년 전 턱뼈 화석의 정체를 처음에는 알 수 없었는데, 최근 DNA 분석을 해보니 데니소바인의 것으로 밝혀졌거든. 그러니까 아시아 곳곳에 데니소바인이 흩어져 살았을 가능성이 큰 거야."

난서는 어려운 수학 문제를 푸는 것처럼 머릿속이 복잡해졌다.

'데니소바인의 정체는 도대체 뭘까?'

동굴 벽을 바라보며 난서는 잠시 생각에 잠겼다. 그러다 문득 떠오른 것이 있었다. 아까 리처드가 네안데르탈인과 데니소바인 사이에서 태어난 아이가 있었다고 했다. 그렇다면 이들이 어디서 왔는지는 몰라도, 그 후손의 흔적은 지금도 남아 있을지 모른다.

어떻게 남태평양까지 갔을까?

세 사람은 동굴을 나와 잠시 각자만의 시간을 보냈다.

난서는 조금 떨어진 곳에서 산책을 하고 있는 리처드에게 다가 갔다. 그는 담담한 얼굴로 멀리 산을 바라보며 천천히 걸음을 옮기고 있었다. 난서는 머뭇거리다가 그의 손을 살며시 잡았다. 흠칫 놀란 리처드가 고개를 돌리더니 곧 부드럽게 웃었다.

"생각해 봤는데요, 데니소바인의 후손은 지금도 있나요? 만약 후손이 있다면, 그들을 통해 데니소바인을 더 잘 이해할 수 있지 않을까 해서요."

리처드는 고개를 끄덕였다.

"좋은 질문이야. 사실 지금도 데니소바인의 흔적이 남아 있어."

그는 천천히 설명을 이어 갔다. 오늘날 동남아시아와 호주 원주민, 그리고 남태평양의 멜라네시아 사람들에게서 데니소바인의 DNA가 발견되었다고 한다. 특히 동남아시아 일부 섬 지역 사람들에게서는 전체 유전자의 5퍼센트에 달할 만큼 뚜렷한 흔적이 남아 있었다. 또한 호모 사피엔스가 티베트고원 같은 고지대에서 살아갈 수 있는 능력이나 면역력과 관련된 유전자를 데니소바인에게서 물려받았을 가능성도 있다고 했다.

"그렇게 보면 데니소바인은 약 43만 년 전부터 2~3만 년 전 사이, 러시아에서 남태평양에 이르기까지 아주 넓은 지역에 퍼져 살았던 셈이야. 어쩌면 알타이산맥에서 출발해 동남아시아를 거

데니소바인의 DNA가 남아 있는 멜라네시아 사람들

쳐 호주와 남태평양까지 이동했을 수도 있고."

"육지는 그렇다 쳐도 바다까지 건넜다고요?"

난서가 놀란 듯 되물었다.

"네안데르탈인도 배를 타고 지중해를 건넌 흔적이 있거든. 비슷한 시기에 살았던 데니소바인도 배를 타고 갔을지도 몰라."

난서는 바다를 건너는 고대 인류의 모습을 상상했다.

'무엇이 그들을 험난한 산을 넘고, 너른 강을 건너고, 거센 파도가 치는 바다까지 가로지르게 했을까?'

난서는 저 멀리 이어지는 산맥을 바라보며 속으로 다짐했다.

'나도 언젠가는 긴 여행을 떠나고 싶어. 끝없이 이어진 길을 따라 아주 오래도록 나아갈 거야.'

섬에서 살아남은 작은 인간

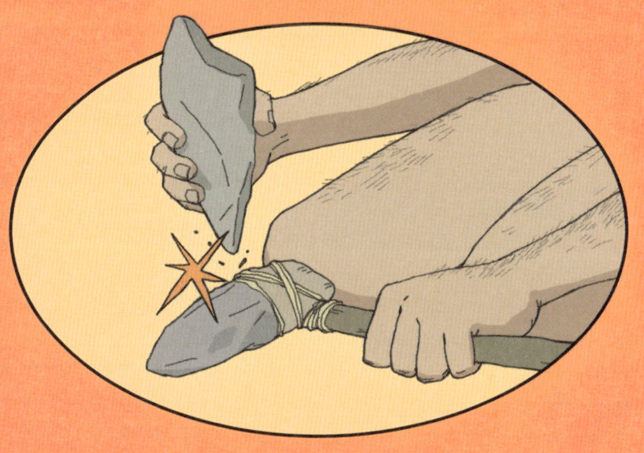

호모 플로레시엔시스

호모 플로레시엔시스

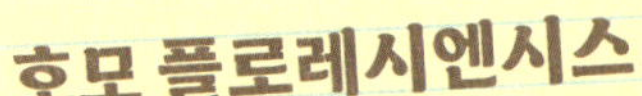

Homo floresiensis

언제?   약 9만 4,000~1만 3,000년 전

어디서?   인도네시아 플로레스섬

신체   키 약 110cm로 매우 작음,
작은 뇌, 원시적 체형(긴 팔, 큰 발)

생활   섬 적응, 작은 코끼리 사냥,
간단한 석기 사용

의미   거꾸로 진화한 '호빗' 인류,
호모 에렉투스의 후손으로
100년 동안 섬에서 생활

같은 조상 다른 모습

어젯밤 탐험을 마치고 헤어질 때 리처드가 말했다.

"내일은 아주 흥미로운 고대 인류를 만날 거야."

난서는 그 말이 머릿속에서 계속 맴돌아 잠도 제대로 자지 못한 채 0시가 되자마자 유령클럽으로 향했다. 이미 와 있던 리처드는 얼굴 가득 웃음을 머금고 난서를 기다리고 있었고, 난서를 보자 반갑게 손을 흔들었다. 리처드 옆에서 윌마가 빙긋 웃으며 난서를 반겼다.

"난서, 기분이 좋아 보이네."

"오늘 재미있는 곳에 간다고 했잖아요!"

"어, 재밌다기보단 흥미롭다고 했지. 오늘 만날 고대 인류는 좀 특별하거든."

"어떤 점에서요?"

"지금껏 만난 고대 인류는 시간이 지나면서 점점 진화했잖아?"

"맞아요. 걷는 능력도 발달하고, 석기도 더 정교하게 만들고, 뇌 용량도 커지고, 옷도 입고… 계속 발전했죠!"

리처드는 고개를 끄덕이며 씩 웃었다.

"그래, 그런데 오늘 만날 고대 인류는 그와 반대로 갔어."

"반대로요? 어떻게 그런 일이 가능해요?

"일단 가보자고. 하하."

그때 윌마가 소리치듯 물었다.

"설마, 호모 플로레시엔시스를 만나러 가는 거예요?"

"딩동댕! 꽃처럼 아름다운 섬, 플로레스로!"

세 사람은 손을 맞잡고 인도네시아의 플로레스섬으로 향했다.

도착한 곳은 호모 플로레시엔시스의 화석이 발견된 리앙 부아 동굴 앞이었다. 입구에는 동굴을 소개하는 간판과 작은 문이 있었다. 문을 열고 들어가자 오랜 세월이 묻어나는 너른 동굴 공간이 펼쳐졌다.

난서는 동굴을 둘러보며 생각했다.

'이곳에서 반대로 진화한 인류가 발견됐다고?'

한참 동굴을 둘러본 이들은 근처에 있는 리앙 부아 박물관으로

호모 플로레시엔시스가 발견된 인도네시아 플로레스섬의 리앙 부아 동굴

발걸음을 옮겼다. 플로레스 전통 가옥의 지붕을 얹은 작은 건물이었다. 난서는 박물관 안에 들어가 벽에 붙어 있는 호모 플로레시엔시스에 대한 설명을 읽었다.

2003년 인도네시아의 플로레스섬 리앙 부아 동굴에서 호모 플로레시엔시스의 화석이 발견되었다. 이 고대 인류는 약 9만 4,000년 전에 나타나 약 1만 3,000년 전까지 생존했던 것으로 추정된다. 약 4만 년 전 멸종한 네안데르탈인보다 더 오래 생존한 인류로, 호모 에렉투스에서 진화한 후손으로 보인다.

난서가 뒤돌아 리처드를 향해 말했다.

"어? 호모 에렉투스의 후손인데 네안데르탈인보다 오래 살았네요."

"맞아. 호모 에렉투스가 아프리카를 떠난 게 약 180만 년 전이고, 150만 년 전쯤 아시아에 퍼졌으니까, 호모 플로레시엔시스는 오랜 시간이 지나 등장한 후손이지."

"인도네시아에는 지난번에 본 호모 솔로엔시스도 있었잖아요. 그들도 호모 에렉투스의 후손이죠?"

"기억력 좋은데? 맞아, 호모 솔로엔시스는 약 10만~2만 년 전까지 살았던 고대 인류였어."

"살던 시기도 비슷하고 지역도 가까우니까, 혹시 호모 플로레시엔시스와 형제나 친척쯤 되나요?"

"같은 호모 에렉투스의 후손이라는 점에선 그렇지. 하지만 실제로 둘의 모습은 꽤 달랐어."

리처드는 박물관 한쪽에 전시된 호모 플로레시엔시스의 골격 모형을 가리켰다. 난서는 고개를 갸웃거리며 모형을 자세히 들여다봤지만, 언뜻 보기에는 지금까지 본 다른 고대 인류와 크게 다르지 않은 것 같았다.

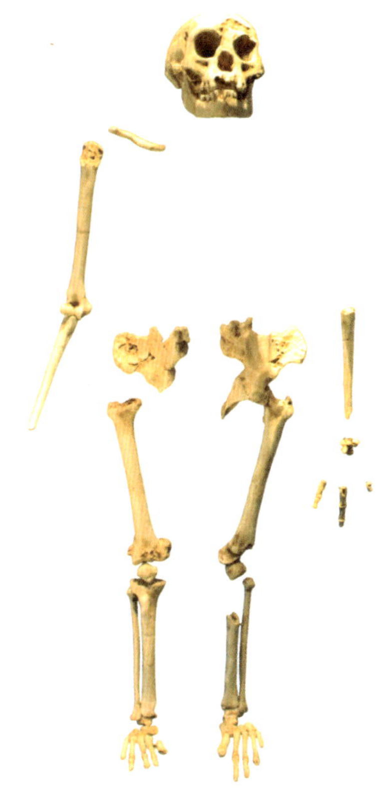

호모 에렉투스의 후손인 호모 플로레시엔시스의 골격

돌고래보다 똑똑해진 건 언제일까?

"난서, 혹시 '호빗족'이라고 들어 본 적 있어?"

"호빗이면 영화에 나오는 키 작은 난쟁이족 아니에요?"

"맞아. 북유럽 신화나 세계 여러 전설에도 난쟁이가 등장하지. 소인국이 나오는 《걸리버 여행기》도 있고."

"그런데 난쟁이랑 소인은 좀 다르지 않나요?"

"그렇지. 소인은 태어날 때부터 체구가 작은 사람이고, 난쟁이는 왜소증이라는 질병 때문에 키가 작은 사람을 말해."

리처드는 빙긋 웃으며 윌마에게 손짓했다.

"윌마, 잠깐 난서 옆에 서줄래요?"

윌마가 난서의 어깨를 가볍게 감싸 안았다. 난서는 윌마의 팔에 기대며 웃었고, 리처드는 윌마의 어깨쯤 오는 난서의 머리를 가리키며 말했다.

"비유하자면 윌마가 호모 솔로엔시스, 난서 네가 호모 플로레시엔시스인 셈이지."

"네? 제가 호빗이라는 말이에요?"

또래보다 키가 작은 난서가 발끈하자 리처드는 손사래를 쳤다.

“그런 게 아니라 호모 플로레시엔시스의 키가 워낙 작았다는 얘기야. 평균 키가 110cm 정도였거든.”

“전 그보다 훨씬 크다고요!”

월마는 그런 난서가 귀엽다는 듯 머리를 쓰다듬었고, 리처드는 웃으며 설명을 이어 갔다.

“하하, 원래 호모 에렉투스는 현대인처럼 키가 컸어. 그런데 후손인 호모 플로레시엔시스는 ‘호빗’이라고 불릴 만큼 키가 작아졌지.”

“아무리 그래도 110cm는 너무 작은데요?”

난서는 스마트폰을 꺼내 ‘한국 어린이 평균 키’를 검색했다.

“어? 한국 6세 여자아이 평균 키가 115cm래요. 그럼 호모 플로레시엔시스는 그보다도 작았다는 거네요?”

난서는 ‘작아도 너무 작다’고 생각했다. 그때 리처드가 호모 플로레시엔시스의 골격 모형을 가리켰다.

“이들은 키만 작은 게 아니야.”

“손도 작고 발도 작았겠죠?”

“그래, 손발도 작고, 뇌 크기도 작았어.”

“몸집이 작아졌으니까 뇌도 작아진 거 아닐까요?”

“일리가 있어. 하지만 뇌가 크다고 무조건 똑똑한 건 아니야.”

두 사람의 대화를 가만히 듣고 있던 윌마가 불쑥 끼어들었다.

"그럼 코끼리나 하마처럼 덩치가 큰 동물은 다 머리가 좋아야 할 테니까요?"

"하하, 맞아요. '뇌화지수'라는 개념이 있어요. 두뇌 발달 정도를 나타내는 지수인데요, 동물의 체중 대비 뇌의 크기를 비교해 지능이 어느 정도 수준으로 발달했는지 보여 주죠. 뇌 무게를 체중의 4분의 3제곱으로 나눈 값인데, 이 수치가 높을수록 지능이 높다고 봐요."

이번에는 난서가 질문했다.

"몸 크기에 비해 뇌가 얼마나 큰지가 중요한 거네요?"

"맞아. 그래서 몸이 작은 동물 중에도 머리 좋은 동물들이 있지. 예를 들어 돌고래가 있어."

난서는 리처드의 말에 고개를 끄덕였다. 호모 플로레시엔시스, 분명 이상하고 색다른 고대 인류 같았다.

"지난 수천 년 동안 뇌화지수가 가장 높은 동물, 그러니까 머리가 가장 좋은 동물은 돌고래였어. 인류가 침팬지와 갈라진 약 700만 년 전, 돌고래의 뇌화지수는 2.8이었는데 초기 인류와 침팬지는 2.1 정도였거든."

"아하, 그래서 돌고래가 그렇게 멋진 쇼를 할 수 있나 봐요! 예

똑똑한 동물로 알려진 돌고래

전에 여행 가서 봤는데 진짜 멋졌거든요.”

“맞아. 우리가 돌고래 쇼를 볼 수 있는 건, 결국 인류가 돌고래보다 더 똑똑해졌기 때문이지. 처음으로 돌고래의 뇌화지수를 뛰어넘은 인류는 호모 에렉투스였어. 침팬지와 갈라지고도 약 550만 년 동안 돌고래가 더 영리했던 셈이야.”

“그럼 지금은요?”

“지금 인류의 뇌화지수는 5.1이야. 돌고래는 여전히 2.8이고.”

“와… 침팬지도, 돌고래도 그때나 지금이나 변함이 없는데 인류만 달라진 거네요.”

난서는 잠시 생각에 잠겼다.

‘호모 에렉투스의 후손으로 추정되는 호모 플로레시엔시스는 오히려 뇌가 작아졌다고 했지. 도대체 얼마나 작았을까?’

월마가 중얼거리듯 말했다.

“키가 작아졌으면 뇌도 작아지지 않았을까?”

“맞아요, 400cc쯤 됐죠.”

예상치 못한 숫자에 놀란 난서가 큰 소리로 말했다.

“400cc요? 침팬지와 초기 인류의 뇌 용량이 390cc 정도였잖아요. 그럼 거의 처음으로 돌아간 거네요?”

리처드가 고개를 끄덕였다.

섬에서 살아남기 위한 변화

리처드는 흥미로운 사실을 하나 더 알려 주었다.

“플로레스섬에서 약 100만 년 전 고대 인류의 화석도 발견됐어. 그들은 석기를 만들고, 코끼리도 사냥했지. 그런데 약 9만 4,000년 전에 나타나 약 1만 3,000년 전쯤에 사라진 호모 플로렌시스는 오히려 퇴화한 모습이었어. 키도 작고, 뇌도 작고. 초기 인류와 비슷했지.”

난서는 고개를 갸웃거렸다.

“왜 그런 일이 일어난 걸까요?”

리처드는 호모 플로레시엔시스가 어떻게 섬에 들어왔는지는 아직 밝혀지지 않았지만, 한 가지는 확실하다고 했다.

“그들은 바깥세상과 단절된 채 감옥처럼 고립된 섬에서 거의 100만 년을 살아야 했어.”

“그럼 어쩔 수 없이 그 섬 환경에 맞춰 변했겠네요.”

그때 윌마가 불쑥 말했다.

“있으면 있는 대로, 없으면 없는 대로 사는 게 인생이지. 나도 살아 있을 때는 가난해서 먹고 싶은 걸 마음껏 먹어 본 적이 없어. 형제자매도 많아서 늘 먹을 걸 두고 다투곤 했지. 그때는 그게 당연했어.”

리처드가 윌마를 보며 말했다.

“플로레스섬도 먹을 것이 풍족한 곳은 아니었어요. 그렇다고 목숨을 위협하는 맹수도 없었죠. 말하자면 호모 플로레시엔시스는 먹을 것이 부족한 섬에서 최상위 포식자였던 셈이에요.”

“먹을 건 부족해도 위험은 없는 곳이었네요.”

월마의 말에 리처드가 고개를 끄덕였다.

"먹을 건 부족해도 위험은 없는 곳…."

난서가 중얼거렸다. 리처드는 그런 난서를 향해 말했다.

"그런 환경에 적응하다 보니 몸집도 작아졌을 거야. 작은 몸은 에너지를 적게 쓰니까 유리했겠지. 적이 없는데 굳이 덩치를 크게 유지할 필요도 없었을 테고."

"그럼 뇌가 작아진 것도 같은 이유예요?"

"그렇지. 지난번에 뇌는 엄청난 에너지를 소모하는 기관이라고 했잖아. 쓸 일이 별로 없는데 계속 많은 에너지를 잡아먹는 뇌는, 요즘 말로 '가성비'가 안 좋은 기관이 된 거지."

난서는 웃으며 맞장구쳤다.

"크크. 우리 집도 러닝머신을 옷걸이로 쓰거든요. 쓰지 않는데 자리만 차지하고 있어요."

"그거랑 비슷해. 먹을 게 부족한 환경에서는 불필요한 낭비를 감당하기 힘들지. 그러니 자연스럽게 뇌의 크기도 줄었을 거야."

리처드는 이런 현상을 섬 왜소화라고 한다고 했다. 난서는 스마트폰을 꺼내 검색해 보았다.

"그럼 플로레스섬에서 섬 왜소화 현상이 일어난 거네요?"

"그래. 지금까지 밝혀진 바로는 몸과 뇌가 동시에 작아진 이유를 설명할 수 있는 방법은 그것뿐이야.”

“100만 년쯤 시간이 흐르면 뭐든 변하기 마련이겠죠.”

윌마의 말에 난서는 고개를 끄덕였다. 어쩌면 그들은 먹을 건 부족했지만 맹수에게 쫓기지 않는 섬에서 조금씩 아끼고 줄이며 평화롭게 살아갔을지도 모른다.

“혹시 네안데르탈인이나 호모 사피엔스가 호모 플로레시엔시스를 멸종시킨 건 아닌가요?”

“지금까지 밝혀진 바로는 그렇지 않아. 호모 사피엔스가 배를 타고 플로레스섬에 도착했을 때는 이미 호모 플로레시엔시스는 사라진 뒤였거든. 함께 살았던 흔적은 발견되지 않았고.”

그날 밤, 유령클럽에서 돌아온 난서는 잠을 이루지 못했다. 키가 작고, 뇌까지 작아진 고대 인류의 모습이 자꾸 떠올랐다. 스마트폰을 뒤적이다가 '사람은 나이가 들면 키가 줄고, 기억을 잃는 치매에 걸리기도 한다'는 글을 보게 되었다.

그 순간, 난서는 700만 년에 걸친 인류의 여정이 얼마나 놀라운지 새삼 깨달았다. 어떤 인류는 호모 플로레시엔시스처럼 다른 길을 걷기도 했다. 하지만 멈추지 않고 앞으로 나아가 마침내 오늘에 이른 인류의 발자취는 그 자체로 경이롭고 위대하다. 난서는 마음속으로 긴 시간을 견뎌 온 모든 인류에게 감사와 찬사를 보냈다.

지구에서 유일한 인류가 되다

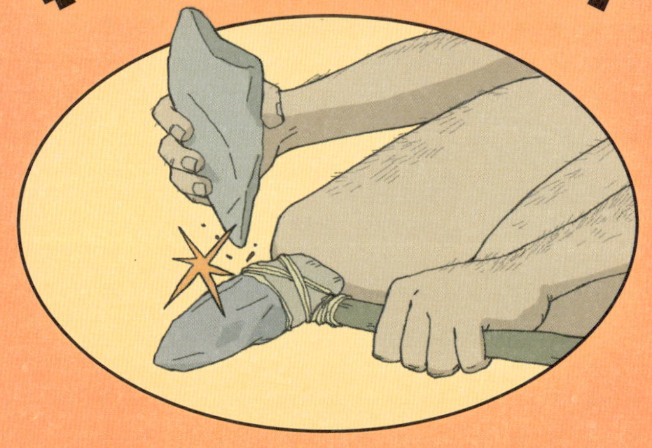

호모 사피엔스

호모 사피엔스

Homo sapiens

언제? 약 30만 년 전~현재

어디서? 아프리카 → 전 세계

신체 가는 뼈, 평평한 얼굴,
높은 이마, 작은 턱

생활 잡식, 언어 사용, 예술 활동,
문화와 문명을 이룸

의미 오늘날 유일하게 살아남은
'지혜로운 사람'

700만 년의 끝, '나'의 시작

"용케 여기까지 왔네."

리처드의 말에 난서는 지난 인류 탐험의 장면들이 머릿속에서 스쳐 지나갔다.

"정말 대단한 여행이었어요. 마치 시간 속을 헤엄쳐 온 기분이 들어요."

월마도 아쉬운 듯 애틋한 눈빛으로 말했다.

"700만 년이라니. 탐험을 떠나기 전엔 상상도 못했는데 벌써 마무리구나…."

세 사람은 서로의 눈을 바라보며 따뜻하게 미소 지었다. 긴 여정을 함께해 낸 동료끼리 나누는 마지막 인사 같았다.

오늘은 마지막 인류, 바로 지금 이 지구에서 살아가는 호모 사피엔스를 만나러 가는 날이었다.

난서는 잠시 고민에 빠졌다.

'호모 사피엔스를 만나려면 어디로 가야 할까? 북적이는 대도시의 거리? 학교 운동장? 사람들이 모이는 동물원이나 최첨단 기술이 가득한 과학 연구소?'

생각해 보니 어디에나 호모 사피엔스가 있었다. 그때 리처드가 입을 열었다.

"지구의 역사가 46억 년쯤 되는데, 단 하나의 종이 이렇게 압도적으로 지구를 지배한 건 이번이 처음이야. 그만큼 호모 사피엔스는 엄청난 능력과 영향력이 있는 존재라는 거지."

난서는 고개를 끄덕이다가 걱정스러운 표정을 지었다.

"그런데 동시에 제멋대로이기도 하잖아요? 기후 변화를 일으키고, 수많은 동물을 멸종시키기도 하고요."

리처드는 고개를 끄덕였다.

"그래, 맞아. 지구가 점점 뜨거워지면서 빙하가 녹고, 폭염과 폭우 같은 기후 재난이 이어지는 데는 지금 인류의 책임이 크다는 걸 부정할 수 없어. 하지만 그런 일들은 아주 최근에 일어난 거야. 그러니 우선, 호모 사피엔스가 어떻게 등장했는지부터 함께 살펴보자."

지혜로운 사람의 등장

"그럼, '호모 사피엔스'라는 이름은 무슨 뜻이에요?"

난서의 물음에 리처드는 길어질 대화를 예감한 듯 모두를 자리에 앉히고 설명을 시작했다.

"'현명한 사람' 또는 '지혜로운 사람'이라는 뜻이지. 지금까지 나타난 인류 가운데 가장 똑똑한 존재라는 거야."

리처드의 예상대로 난서의 질문은 계속되었다.

"현명하고 지혜롭다는 건 구체적으로 어떤 의미예요?"

리처드는 예를 들어 설명했다.

"빙하기가 왔을 때 매머드는 두꺼운 털과 지방층으로 추위에 적응했어. 하지만 사람은 옷을 만들어 입었지. 빙하기가 끝나고 날씨가 더워지자 털로 뒤덮인 매머드는 적응하지 못해 결국 멸종했지만, 사람은 옷을 벗기만 하면 됐어. 바로 이런 점이 '현명함'과 '지혜로움'이야."

"그럼 호모 사피엔스가 나타나기 전까지 얼마나 많은 인류가 있었던 거예요?"

"지금까지 발견된 화석만 따져 봐도 다양해. 약 700만 년 전 사헬란트로푸스 차덴시스부터 꼽아 보면 호모 사피엔스는 26번째 인류야.”

난서의 질문은 계속되었다.

“호모 사피엔스는 어디에서 태어났나요?”

“아프리카. 한때는 여러 대륙에서 동시에 나타났다는 주장도 있었지만, 지금은 아프리카 기원설이 정설로 받아들여지고 있어.”

“직계 조상은 누구인가요? 네안데르탈인은 아니죠?”

“지난번에 만났던 호모 하이델베르겐시스 기억해? 그들이 아프리카에 남아 호모 사피엔스로 진화했고, 유럽으로 건너간 일부는 네안데르탈인으로 갈라진 거야.”

“그럼 호모 사피엔스는 언제쯤 등장했는데요?”

“정확한 시점은 아직 연구 중이지만, 대체로 30만 년 전쯤으로 보고 있어.”

“이전 인류들과 구분되는 호모 사피엔스만의 가장 큰 특징은 뭐가 있어요?”

난서의 눈이 호기심으로 반짝였고, 리처드는 인내심 좋게 친절히 답해 주었다.

“우선, 얼굴 구조가 달라. 고대 인류의 머리는 뒤로 비스듬히 누운 형태였는데, 호모 사피엔스의 이마는 수직에 가까웠어. 이건 뇌에서 복잡한 생각을 담당하는 전두엽이 발달했기 때문이야. 또

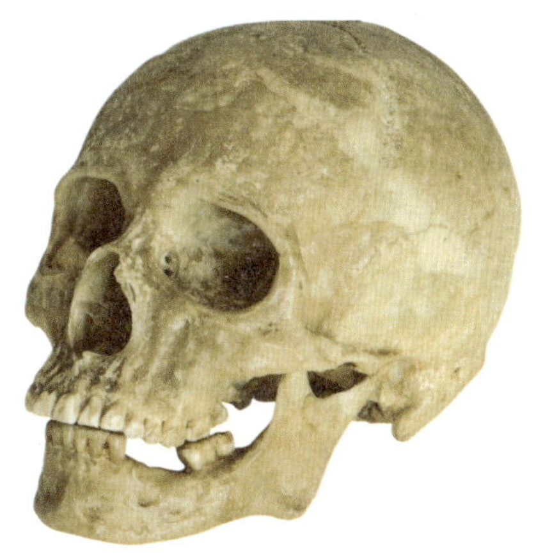

다른 고대 인류와 구분되는 호모 사피엔스의 두개골

눈썹 뼈인 안와상융기는 거의 사라지고, 얼굴은 평평해지면서 턱
이 발달했지.”

“얼굴 말고 다른 특징도 있나요?”

“가장 중요한 건 언어야. 네안데르탈인이 말을 했는지는 아직
확실하지 않아. 하지만 호모 사피엔스는 언어를 통해 생각을 나
누고 지식을 쌓으며 문화를 만들 수 있었어. 그게 곧 문명을 이루
는 원동력이 된 거지.”

월마가 갑자기 크게 웃으며 두 사람을 번갈아 가리켰다.

“무슨 비밀 모임이라도 하는 것 같네! 이렇게 지식으로 대화를
주고받는 것 자체가 호모 사피엔스의 특징 아니야? 쿡쿡.”

그 말에 난서와 리처드도 웃음을 터트렸다. 그러자 월마가 두 사람을 등 떠밀며 말했다.

"수다는 그만 떨고, 어서 어디든 가자고!"

리처드는 잠시 생각하다가 목적지를 정했다.

"이집트로 가자."

난서가 스마트폰에 검색할 준비를 하며 물었다.

"이집트 어디로 갈까요?"

"룩소르에 있는 왕가의 계곡."

"거기에 뭐가 있는데요?"

고대 이집트의 파라오와 귀족들의 무덤이 모여 있는 유적지인 룩소르 왕가의 계곡

"이집트의 무덤 벽화를 보러 갈 거야."

"아, 알아요! 죽은 사람의 심장을 저울에 올려 깃털과 무게를 재는 그림이죠? 동물의 얼굴을 한 신들도 있고요."

난서는 유령클럽에서 떠난 지난 여행에서 유령이 된 아몬 왕과 함께 이집트를 찾았던 기억이 떠올랐다.

과거를 넘어 미래를 향해

세 사람은 룩소르 왕가의 계곡으로 향했다. 무덤 안으로 발걸음을 옮겼고, 역시나 아무도 이들의 존재를 눈치채지 못했다.

곧 고대 이집트의 화려한 벽화들이 눈앞에 펼쳐졌다. 천장과 벽 가득 다양한 색채와 상징으로 채워진 그림들은 마치 살아 숨 쉬는 듯했다.

무덤을 정신없이 구경하던 난서가 물었다.

"그런데 왜 여기로 오자고 한 거예요?"

리처드는 벽화의 한쪽을 가리키며 말했다.

"저기, 매의 머리를 한 사람 보이지? 이집트 신화에서 유명한 호루스라는 신이야. 파라오의 수호신이자 이집트를 상징하는 신

고대 이집트에서 매 머리를 한 호루스 신(왼쪽에서 두 번째)이 그려진 벽화

이지."

"어디선가 많이 본 얼굴이에요."

난서는 고개를 갸웃하며 말을 이었다.

"그런데 얼굴이 새인데도 왜 우리는 그걸 사람이나 신으로 자연스럽게 받아들일까요?"

난서는 스스로 말해 놓고도 묘한 기분이 들었다. 분명 매의 얼굴인데 전혀 어색하지 않았다.

윌마가 툭 던지듯 말했다.

"사람처럼 서 있으니까 사람으로 보이는 거지."

"바로 그거예요!"

리처드는 박수를 치며 윌마를 칭찬했다. 정작 윌마는 어리둥절한 표정이었다.

"똑바로 서서 두 발로 걷는 건 사람만의 특징이야. 그래서 얼굴이 매든 사자든 상관없이 두 발로 서 있으면 사람으로 인식하게 되는 거지."

난서는 초기 인류의 특징이 떠올랐다. 직립 보행과 작은 송곳니. 처음에는 단지 생존을 위해 두 발로 걷기 시작했지만, 이제는 그 자세 자체가 사람을 상징하게 되었다. 고대 이집트인들은 그것을 이해하고 벽화로 표현한 것이다.

"그러니까 상징과 예술을 적극적으로 사용하기 시작한 거지. 이것도 호모 사피엔스의 중요한 특징이야."

난서는 고개를 끄덕였다.

"'현명하다'는 말은 그냥 '머리가 좋다'는 것과는 조금 다른 느낌이에요."

"맞아. 머리가 좋은 사람은 혼자 다 하려고 하거나 다른 사람에게 시키려고 하지. 하지만 현명하고 지혜로운 사람은 다른 사람과 함께하고, 소통하며 배려하지. 인류가 여기까지 온 건 단순히 머리가 좋아서가 아니라 '함께'했기 때문이야."

"그렇다면 사람끼리만이 아니라, 지구에서 함께 살아가는 동물이나 다른 생물들과도 함께해야 하는 거 아닌가요?"

난서는 얼마 전 수업에서 들었던 철학자 피터 싱어의 주장이 떠올랐다. 그는 "고통을 느낄 수 있는 존재라면, 그 존재는 도덕적으로 고려되어야 한다"라고 말했는데, 바로 '동물 해방'에 대한 이야기였다.

'인간뿐만 아니라, 동물들과도 함께 살아갈 줄 아는 지혜가 필요해.'

난서가 이 생각에 대해 이야기하자 리처드는 고개를 끄덕이며 깊이 공감했다.

월마도 한마디 덧붙였다.

"근데 호모 사피엔스는 아직 멸종하지 않았잖아. 그러니 딱 잘라 말하기는 어렵지 않아?"

리처드가 웃으며 답했다.

"맞아요. 호모 사피엔스를 알려면 선사 시대부터 역사 시대, 그리고 앞으로의 미래까지 함께 살펴봐야 해요. 언젠가 새로운 인류가 나타난다면, 그제야 호모 사피엔스가 어떤 존재였는지 분명히 알 수 있겠죠."

난서는 그 말에 화들짝 놀랐다.

'새로운 인류가 등장한다고?'

지금껏 생각해 본 적 없는 일이었다. 하지만 인류 탐험을 통해 수많은 고대 인류가 태어나고, 또 사라졌다는 사실을 직접 확인했기에 그 말의 무게를 실감할 수 있었다. 게다가 지금까지 호모 사피엔스가 살아온 시간은 고작 30만 년 남짓이었다. 700만 년의 인류 역사 속에선 아주 작은 조각일 뿐이었다.

세 사람은 이집트를 떠나 유령클럽으로 돌아왔다.

열하루, 짧다면 짧고 길다면 긴 여정이 끝났다. 난서는 많은 것을 배우고 느꼈다고 생각했다. 보고 싶은 할머니를 떠올리며 시작한 여행이, '나는 어디에서 왔을까?'라는 질문으로 이어졌고, 결국 인류의 발자국을 따라 걷는 역사 탐험이 되었던 것이다. 700만 년이라는 상상도 하기 어려운 시간. 그 세월을 살아 낸 수많은 인류의 이야기는 신비했고, 경이로웠으며, 가슴 벅찼다.

난서는 리처드에게 다가가 속삭였다.

"정말 감사해요."

리처드는 난서를 꼭 안아 주었다. 난서는 깊은 잠에 빠지는 듯한 편안함을 느꼈다. 월마도 달려와 두 사람을 숨이 막힐 정도로 세게 끌어안았다. 이들은 서로를 바라보며 웃음을 터트렸다.

월마가 난서를 바라보며 장난스럽게 말했다.

"난서, 지난번처럼 발표로 마무리해야지?"

"네? 발표요?"

난서는 예상치 못한 월마의 말에 당황하고 말았다.

한국의 고대 인류 이야기

난서는 며칠 만에 다시 유령클럽을 찾았다. 노란 유령 홀 안은 벌써 많은 유령들로 가득 차 있었다. 이들은 발표를 기다리며 웅성거리다가 난서를 보자 반갑게 손을 흔들며 맞이했다. 난서는 그 순간 마음이 따뜻해졌고, '이들이 가족 같다'고 생각했다.

가장 앞줄에는 인류 탐험을 함께했던 루이스와 메리 부부, 리처드, 그리고 윌마가 앉아 있었다. 그들은 장난기 어린 표정을 지으며 난서를 응원했다.

난서는 단정히 서서 인사했다.

"안녕하세요! 오늘 발표를 맡은 한난서입니다."

유령들의 박수 소리가 홀을 가득 메웠다. 난서는 늘 궁금했다.

'유령들이 어떻게 박수를 치는 걸까?'

속마음을 읽은 듯 윌마가 난서에게 윙크했다.

난서는 웃음을 참고 발표를 이어 갔다.

"'난서'라는 이름은 할머니의 할머니 이름이에요. 돌아가신 할머니가 남기신 가장 소중한 선물이기도 하고요. 저는 할머니의 할머니를 거슬러 올라가 첫 할머니를 만나고 싶다는 마음에서 인류 탐험을 시작했습니다.

그 여정 속에서 우리보다 먼저 살았던 고대 인류의 삶과 흔적을 직접 만날 수 있었어요. 함께해 준 루이스와 메리, 리처드, 그리고 가장 친한 유령 친구인 윌마에게 진심으로 감사드립니다."

다시 한번 뜨거운 박수가 터져 나왔다. 유령들은 난서의 동료들에게도 따뜻한 환호를 보냈다.

난서는 화면을 켜고 발표 주제를 이야기했다.

"오늘은 제가 사는 한국의 고대 인류, 그중에서도 구석기 시대의 인류를 중심으로 그동안 배우고 느낀 것을 정리해 보려고 합니다."

곧 커다란 화면에 한반도 지도가 나타났고, 주요 구석기 유적지가 표시되었다. 앞줄에 앉은 한 유령이 손을 들고 물었다.

"저기… 그런데 구석기가 뭔가요?"

순간 당황한 난서가 리처드를 바라봤다. 리처드는 그 눈빛을 알아채고 자리에서 일어나 자연스럽게 설명을 이어받았다.

"좋은 질문이에요. 인류의 역사를 나누는 방법에는 크게 세 가지가 있습니다.

첫째는 지질 시대에 따라 고생대, 중생대, 신생대로 구분하는 방법입니다. 현재 우리는 신생대 제4기의 마지막 시기인 홀로세에 살고 있죠.

둘째는 문자의 사용 여부로 나누는 방법입니다. 문자가 생기기 전은 '선사 시대', 문자가 생긴 이후는 '역사 시대'라고 불러요.

마지막으로 셋째는 인류가 사용한 도구로 구분하는 방법이에요. 석기 시대, 청동기 시대, 철기 시대로 나누죠. 석기 시대는 다시 구석기와 신석기로 나뉘는데, 구석기는 뗀석기를, 신석기는 간석기와 토기를 사용한 시기랍니다."

유령들은 고개를 끄덕이며 감탄했고, 난서는 미소로 고마움을 전했다. 리처드가 자리에 앉자 난서는 다시 발표를 이어 갔다.

"한국에서 가장 오래된 구석기 유적은 충청북도 단양 금굴 유적

한반도에서 구석기 시대부터 사람이 살았음을 보여 주는 단양 금굴 유적

입니다.”

난서는 금굴의 사진과 함께 간단한 설명을 화면에 띄웠다.

잠시 후 화면에는 미군 군복을 입은 남성의 사진이 나타났다.

유령들이 술렁이며 남성의 정체를 궁금해했다.

“이분은 한국 구석기 연구의 전환점을 가져온 인물이에요.”

1978년, 주한 미군이던 그레그 보엔은 경기도 연천 전곡리의 한탄강 유원지를 여행하다가 땅에 박힌 구석기 시대의 유물을 발견했다. 이후 조사를 통해 주먹도끼, 긁개, 사냥돌, 홍날 등 다

양한 뗀석기가 발굴되었고, 한국 구석기 연구가 본격적으로 시
작되었다.

"우아, 놀러 갔다가 그렇게 중요한 걸 발견했다고?"
"근데 어떻게 그게 구석기 유물인지 알았을까?"
여기저기서 질문이 쏟아져 나왔다. 난서는 보엔이 대학에서 석
기 고고학을 공부했기 때문에 가능했다고 설명했다.
"역시 아는 만큼 보이는 거네! 유령도 공부 좀 해야겠어."
한 유령의 말에 다른 유령들이 와르르 웃음을 터뜨렸다.
"하지만 이보다 놀라운 사실이 있습니다."

전곡리 유적은 구석기인의 생활상을 보여 주는 중요한 자료일
뿐 아니라, 한국을 비롯한 동북아시아 지역의 구석기 문화를 연
구하는 핵심 근거가 된다. 특히 유럽과 아프리카에서만 발견되
던 아슐리안 석기 형태의 주먹도끼가 동북아시아에서 처음 확인
되어 주목받았다.

"이 발견은 동북아시아의 구석기 문화가 유럽이나 아프리카와
는 다르다고 보던 기존 생각을 완전히 바꿔 놓았어요. 전곡리에

서 나온 주먹도끼가 동북아시아도 같은 문화권에 속한다는 걸 보여 주었기 때문입니다.”

난서는 화면을 바꿔 전곡리에서 열리는 구석기 축제 사진을 보여 주었다.

“현재 연천 전곡리에는 전곡 선사 박물관이 있고, 매년 5월 세계 최대 규모의 선사 문화 축제가 열리고 있어요. 직접 구석기인의 삶을 체험해 볼 수 있죠.”

“가보고 싶다!”

한 유령이 말하자 여기저기서 유령들이 고개를 끄덕였다. 난서는 미소 지으며 덧붙였다.

“비슷한 축제가 충청남도 공주시 석장리에서도 열려요. 이곳은 한반도에 구석기인이 살았다는 사실을 처음으로 증명한 유적지입니다.”

“한반도는 옛날부터 사람들이 살기 좋은 곳이었나 봐.”

누군가 중얼거리자 난서는 마지막 지도를 띄웠다. 한반도 곳곳에 표시된 90여 곳의 구석기 유적지였다.

“거의 대부분이 하천 주변에 있어요. 당시 사람들은 물가에서 고기를 잡고, 돌이나 나무로 만든 간단한 도구로 사냥을 했던 것으로 보입니다.”

난서는 고개를 숙이며 인사했다.

"준비한 발표는 여기까지입니다. 들어 주셔서 감사합니다."

노란 유령 홀 안에는 다시 한번 큰 박수와 환호가 쏟아졌다. 리키 가족은 흐뭇하게 미소를 지었고, 윌마는 두 주먹을 불끈 쥐며 응원을 보냈다. 난서는 뿌듯함을 느끼며 발표를 마무리했다.

우리가 만드는 인류의 내일

지금까지 난서와 함께 '인류 탐험'이라는 이름으로, 우리보다 훨씬 먼저 지구에 나타났던 인류의 발자취를 따라가 보았어요. 이 여정이 여러분에게도 흥미로운 시간이었기를 바랍니다.

탐험을 통해 우리는 약 700만 년이라는 긴 시간 동안 많은 고대 인류가 치열하게 살아왔다는 사실을 알게 되었어요. 그리고 그 긴 과정을 거쳐 오늘날 우리가 존재하게 되었죠. 나아가 또 다른 인류가 나타날 수도 있다는 상상까지 해보았습니다.

고대 인류의 변화는 아주 느리고 조심스러운 걸음으로 이루어 졌어요. 그러다 약 30만 년 전, 호모 사피엔스가 등장하면서 조금씩 변화의 속도가 빨라지기 시작했죠. 특히 오랜 빙하기였던 플라이스토세(약 258만~1만 1,700년 전)가 끝나고 홀로세(약 1만 1,700년 전~현재)가 시작되면서, 인류는 큰 변화를 맞이합니다. 바로 농경이죠.

농경의 시작은 단순히 생활 방식이 바뀌는 것에 그치지 않았어요. 이전까지 인류는 먹을 것을 찾아 사냥하고 채집하며, 소수가 무리를 이루어 떠돌아다니며 살았습니다. 하지만 기후가 안정된 홀로세에 들어서면서 한곳에 정착해 마을을 이루고 농사를 지으며 삶의 방식을 완전히 바꾸기 시작했죠. 농경은 일상뿐 아니라 사람들의 생각과 상상력, 그리고 사회의 구조까지 근본적으로 바꾸어 놓았어요.

이후 18세기 중반, 산업혁명이 시작되면서 사회의 변화 속도는 폭발적으로 빨라졌습니다. 농경 사회가 마차 속도로 움직였다면, 산업혁명 이후에는 자동차와 비행기 속도로, 그리고 지금은 따라잡기 힘든 로켓의 속도로 세상이 변하고 있어요.

이 급격한 변화는 우리에게 편리하고 풍요로운 삶을 가져다주었지만, 동시에 큰 그림자도 드리웠습니다. 기후 변화가 심각해

졌으며, 수많은 생물이 멸종하고, 인공지능 같은 새로운 변화도 등장하고 있어요. 이제 인류가 어떤 미래를 맞이할지는 아무도 확실히 알 수 없어요.

그렇기에 지금 이 시대를 살아가는 현재의 우리가 중요합니다. 난서와 함께한 인류 탐험에서 느낄 수 있듯, 과거를 돌아보는 이유는 결국 현재의 우리가 어떤 존재인지를 알기 위해서예요. 그리고 우리가 어떤 선택을 하느냐에 따라 미래 인류의 모습도 달라질 수 있습니다. 이런 점에서 지금, 호모 사피엔스인 우리는 여러 갈림길 앞에 서 있는 셈이죠.

하지만 잊지 말아야 할 사실이 있습니다. 인류는 수많은 어려움 속에서도 놀라운 회복력과 적응력으로 지금까지 살아남았습니다. 오랜 세월 굳세고 끈기 있게 버텨 온 그 힘이 오늘날 우리에게까지 이어지고 있습니다.

잠시 눈을 감고 깊이 호흡하며 가슴에 손을 얹어 보세요. 그 오

랜 시간 속에서 전해져 온 생명의 힘과 용기, 인류의 끈질긴 유전
자가 지금 이 순간 우리 안에 살아 있음을 느낄 수 있을 거예요.

인류 진화 연대표

오스트랄로피테쿠스
약 450만~200만 년 전
• 직립 보행 완성
• 두 손이 자유로워지며 나무도 잘 오름
• '루시' 화석으로 유명

700만 년 전
600만 년 전
500만 년 전
400만 년 전
사헬란트로푸스 차덴시스
약 700만 년 전
• 지금까지 알려진 가장 오래된 인류 조상
• 직립 보행 가능성

호모 에렉투스
약 200만~10만 년 전

- 불 사용 시작
- 무리를 지어 아프리카를 처음 떠나 아시아·유럽으로 장거리 이동

호모 하이델베르겐시스
약 70만~20만 년 전

- 유럽·아프리카 생활
- 호모 사피엔스의 조상

데니소바인
약 30만~2만 5,000년 전

- 시베리아 발견
- 호모 사피엔스와 교배 흔적

호모 사피엔스
약 30만 년 전~현재

- 아프리카에서 기원해 전 세계로 퍼짐
- 언어·예술·농업 발달

300만 년 전　　**200만 년 전**　　**100만 년 전**

호모 하빌리스
약 250만 년 전

- 호모속의 초기 인류
- 본격적으로 돌 도구 사용

호모 솔로엔시스
약 10만~2만 년 전

- 인도네시아 자바섬 발견
- 호모 에렉투스 후손으로 추정

네안데르탈인
약 40만~4만 년 전

- 추운 환경에 적응한 튼튼한 몸과 큰 뇌
- 호모 사피엔스와 교배 흔적

호모 플로레시엔시스
약 9만 4,000~1만 3,000년 전

- 인도네시아 플로레스섬 발견
- 작은 키, 침팬지 수준의 작은 뇌

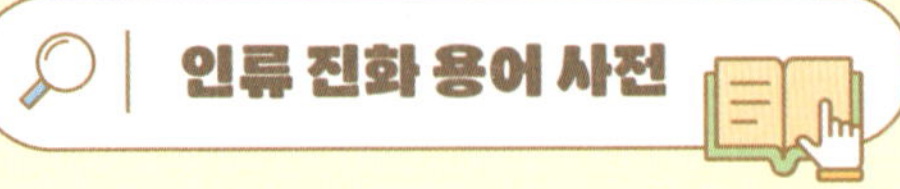

간석기

돌을 갈아서 매끈하게 만든 도구. 주로 신석기 시대에 사용되었다.

예) 신석기 사람들은 간석기로 곡식을 베고 생활 도구도 만들었다.

고인류

인류의 조상이나 멸종한 사람 무리.

예) 오스트랄로피테쿠스, 네안데르탈인 등은 대표적인 고인류다.

고인류학

화석, 유전자, 유물 등을 연구해 인류의 기원을 밝히는 학문.

예) 고인류학 연구는 루시 화석을 통해 인류의 진화를 밝히는 데
　　도움을 주었다.

구석기 시대

돌을 깨뜨려 만든 돌 도구인 뗀석기를 쓰고, 사냥과 채집으로
살아가던 시대. 이 시기에 사람들은 불을 쓰고 동굴 벽에 그림도
그렸다.

예) 라스코 동굴 벽화는 구석기 시대 사람들의 삶과 예술을 보여 준다.

공통 조상

서로 다른 종으로 갈라지기 전 함께 나눈 옛 조상.

예) 인간과 침팬지는 약 1,500만 년 전에 공통 조상을 지녔다.

도구 사용

인간이나 동물이 목적을 이루기 위해 도구를 만들어 쓰는 행위.

예) 초기 인류는 뗀석기와 간석기를 사용하는 등 도구 사용 능력을 길렀다.

뗀석기

돌을 내리쳐 날카롭게 만든 도구. 주로 구석기 시대에 사용되었다.

예) 구석기 사람들은 뗀석기로 동물을 잡고 음식을 손질했다.

멸종

어떤 종이 지구에서 완전히 사라지는 현상.

예) 공룡은 약 6,600만 년 전에 멸종했다.

문명

사람들이 모여 살며 정치·경제·문화 등을 발전시킨 모습.

예) 메소포타미아 문명은 인류 최초의 문명이다.

문화

사람들이 함께 만들어 가는 지식, 기술, 생활 방식.

예) 인류 문화에서 불 사용과 언어 발달은 매우 중요한 부분이다.

불 사용

불을 피우고 다루는 능력. 음식을 조리하고 추위를 막으며
짐승을 쫓는 데 이용했다.

예) 구석기 사람들은 불 사용을 통해 삶의 질을 크게 높였다.

선사 시대

문자가 없어 기록이 남지 않은 시대. 도구와 유물로 연구한다.

예) 구석기와 신석기 시대가 선사 시대에 속한다.

아프리카 기원설

현생 인류가 약 30만 년 전 아프리카에서 처음 등장해 전 세계로
퍼져 나갔다는 학설.

예) 아프리카 기원설은 유전자 연구를 통해 뒷받침되고 있다.

역사 시대

문자로 기록을 남기기 시작한 이후의 시대.

예) 고조선에 관한 기록은 역사 시대의 자료다.

영장류

손가락이 발달하고 두 눈이 앞을 향해 있는 포유류 무리로,
나무에서 생활하기에 알맞다.

예) 원숭이, 침팬지, 사람은 모두 영장류다.

유인원

원숭이보다 크고 꼬리가 없는 영장류. 침팬지, 고릴라, 오랑우탄,
그리고 인류가 포함된다.

예) 인류의 조상은 유인원과 가까운 조상에서 갈라졌다.

유전

부모의 특징이 자식에게 이어지는 현상.

예) 부모의 쌍꺼풀은 자녀에게 유전될 확률이 높다.

이주

먹이나 환경을 찾아 다른 곳으로 옮겨 가는 것.

예) 인류는 아프리카에서 출발해 전 세계로 이주했다.

인류 기원

현생 인류가 언제, 어디서, 어떤 과정을 거쳐 나타났는지를 뜻한다.

예) 인류 기원 연구는 화석과 DNA 분석을 통해 진행된다.

자연 선택

환경에 잘 적응한 생물이 살아남고 번식하면서 그 특징이
다음 세대에 이어지는 과정.

예) 기린의 긴 목은 자연 선택의 결과로 설명할 수 있다.

적응

환경에 맞게 몸이나 행동이 바뀌는 것.

예) 사막에 사는 낙타는 물을 적게 마셔도 살 수 있도록 적응했다.

종

서로 교배해 건강한 새끼를 낳을 수 있는 생물 집단.

예) 개와 고양이는 다른 종이라 새끼를 낳을 수 없다.

지질 시대

지구가 생긴 뒤 지금까지를 크게 나눈 시간 단위.

예) 공룡은 중생대라는 지질 시대에 살았다.

직립 보행

두 발로 곧게 서서 걷는 방식. 인류 진화의 중요한 특징 중 하나다.

예) 인류는 직립 보행을 통해 두 손을 자유롭게 사용하게 되었다.

진화

아주 긴 시간 동안 생물의 모습이나 특징이 변하는 과정.

예) 기린의 목이 길어진 것은 높은 나무의 잎을 더 잘 먹도록 진화한 사례다.

진화론

생물이 시간이 흐르면서 환경에 적응해 변하고 새로운 종이
생겨난다는 학설.

예) 찰스 다윈은 《종의 기원》에서 진화론을 체계적으로 설명했다.

채집

야생의 열매나 식물, 작은 동물 등을 모아 생활하는 방식.

예) 구석기 사람들은 사냥과 채집으로 먹을 것을 구했다.

호모속

사람이 속하는 무리로, 직립 보행과 도구 사용이 특징이다.

예) 현생 인류뿐만 아니라 멸종한 여러 인류 조상도 호모속에 속한다.

화석

옛날 생물의 흔적이 돌처럼 남은 것. 진화를 밝히는 단서가 된다.

예) '루시' 화석은 인류 조상을 이해하는 중요한 증거다.

사진 출처

030쪽	Wikimedia Commons / C. Rottensteiner, CC BY-SA 3.0, 일부 수정
041쪽	Wikimedia Commons / Didier Descouens, CC BY-SA 4.0, 일부 수정
070쪽	Wikimedia Commons / Noel Feans, CC BY 2.0
075쪽	Wikimedia Commons / Rama, CC BY-SA 3.0 FR, 일부 수정
078쪽	Wikimedia Commons / Thomas Kujawa, CC BY-SA 2.0
089쪽	Wikimedia Commons / Claire Houck from New York City, USA, CC BY-SA 2.0, 일부 수정
106쪽	Wikimedia Commons / Ryan Somma from Occoquan, USA, CC BY-SA 2.0, 일부 수정
119쪽	Wikimedia Commons / Gerbil, CC BY-SA 3.0, 일부 수정
130쪽	Wikimedia Commons / Wapondaponda, CC BY-SA 3.0, 일부 수정
139쪽	Wikimedia Commons / Tbviola, CC BY-SA 4.0
161쪽	Wikimedia Commons / Yuriy59, CC BY-SA 3.0
162쪽	Wikimedia Commons / Thilo Parg, CC BY-SA 3.0
166쪽	Wikimedia Commons / Rian Tatuwo, CC BY-SA 4.0
173쪽	Wikimedia Commons / Rosino, CC BY-SA 2.0
175쪽	Wikimedia Commons / Emőke Dénes, CC BY-SA 4.0, 일부 수정
202쪽	Wikimedia Commons / 문화재청 (공공누리 제1유형), CC BY-SA 4.0

다른 인스타그램

뉴스레터 구독

 **지식 + 소설 02**

0시의 고대 인류 탐험
잃어버린 조상들을 찾는 700만 년의 시간 여행

초판 1쇄　2025년 10월 27일

지은이　이경덕

펴낸이　김한청
기획편집　원경은 차언조 양선화 양희우 장민기
마케팅　정원식 이진범
디자인 ·　이성아 황보유진
운영　설채린

펴낸곳 도서출판 다른
출판등록 2004년 9월 2일 제2013-000194호
주소 서울시 마포구 동교로 27길 3-10 희경빌딩 4층
전화 02-3143-6478　**팩스** 02-3143-6479　**이메일** khc15968@hanmail.net
블로그 blog.naver.com/darun_pub　**인스타그램** @darunpublishers

ISBN 979-11-5633-726-3 43470

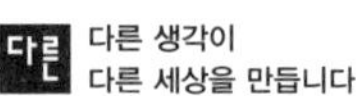

다른 생각이
다른 세상을 만듭니다